水电工程环境外部性评价方法

樊启祥　李　永　王小明　著

科学出版社

北　京

内 容 简 介

本书把经济学中的外部性理论引入水电工程项目的环境可行性评价中，展示项目在不同阶段对不同利益主体带来的外部效益和外部成本，揭示环境外部性影响的变化规律，拓展环境可行性评价的外延；把外部性内部化理论引入水电工程项目的经济评价中，权衡相关者的利益，丰富经济可行性评价的内涵。通过环境外部性影响界定、度量和内部化处理，合理分配项目开发带来的社会文化效益、经济效益和自然生态效益，在水电开发企业分享工程效益的同时，促使外部性受益者分享其外部收益，给予受水电工程项目负面影响的群体更多的补偿，为建设环境友好型、利益共享型水电工程提供全方位的保障。

本书可供从事水电工项目开发或其他工程项目开发环境影响评价和经济可行性评价的管理人员、研究人员、工程技术人员学习参考。

图书在版编目（CIP）数据

水电工程环境外部性评价方法 / 樊启祥，李永，王小明著. —北京：科学出版社，2023.9

ISBN 978-7-03-076079-1

Ⅰ. ①水… Ⅱ. ①樊… ②李… ③王… Ⅲ. ①水电水利工程－环境影响－评价－研究 Ⅳ. ①X820.3

中国国家版本馆 CIP 数据核字（2023）第 143275 号

责任编辑：李小锐 / 责任校对：彭 映
责任印制：罗 科 / 封面设计：墨创文化

科 学 出 版 社 出版
北京东黄城根北街 16 号
邮政编码：100717
http://www.sciencep.com

成都锦瑞印刷有限责任公司 印刷
科学出版社发行 各地新华书店经销

*

2023 年 9 月第 一 版 开本：B5（720×1000）
2023 年 9 月第一次印刷 印张：13 1/2
字数：277 000

定价：148.00 元

前　言

水电是可再生的清洁能源，水力发电具有技术成熟、成本低廉、运行灵活、稳定的特点。水电工程项目开发是有效增加清洁能源供应、优化能源结构、保障能源安全、实现可持续发展的重要措施，具有不可替代的地位。2022 年中国水电装机容量达 4.1 亿 kW，水力发电量达 1.2 万亿 kW·h，装机容量和发电量均稳居世界第一。根据发达国家水电工程项目开发的历程以及全球发展低碳经济的要求，未来水电在能源供应中仍将占据重要地位，积极有序地开发水电是今后水电工程项目开发的主题。

2022 年中国水电已装机规模占全国技术可开发量的 60%，剩余的可开发水能资源大部分位于上游河段，地理位置偏远、交通条件差、地质条件复杂、开发难度大、输电距离远、生态脆弱、耕地匮乏，水电工程项目开发的经济性较低。此外，随着社会的进步和人们环保意识的增强，人们对水电的环境效益和社会效益的预期也越来越高，水电在市场中的竞争优势越来越小。另外，水电作为清洁能源在全国范围内优化配置受阻，没有纳入全额保障性收购政策，仅为参照执行，水电优先上网的权利未得到国家法律和制度的保障，水电的发展前景令人担忧。

党的二十大报告指出，大自然是人类赖以生存发展的基本条件，要以国家重点生态功能区、生态保护红线、自然保护地等为重点，加快实施重要生态系统保护和修复重大工程。因此，社会主义新时代的水电工程项目开发应高度重视生态环境的恢复与保护，制定科学有效的环境保护措施，加大水生生态系统的保护力度，保障生态流量、减弱水文影响、开展生态修复，切实保护河流生态健康，建设环境友好型水电工程，保障水电绿色发展。在保护生态环境的同时，社会主义新时代的水电工程项目开发还应坚持水电工程项目开发社会效益与经济效益并重，把水电工程项目开发与稳定脱贫攻坚成果、增加群众资产性收益、促进区域经济发展相结合，让地方和移民共享水电工程项目开发成果。因此，绿色发展和共享发展是社会主义新时代水电工程项目开发的两条主线。

在移民安置难度持续提高、生态环保压力不断加大、水电工程项目开发经济性逐渐下降、水电作为清洁能源的优势尚未得到充分体现的大背景下，如何处理好已建电站带来的移民和生态环境问题，如何保证水电工程项目开发既满足社会经济发展需求，又满足民生需求和自然生态环境保护需求，实现水电健康、协调、绿色、共享的发展是亟需解决的难题。

本书通过把经济学中的外部性理论引入水电工程项目开发的环境可行性评价中，解决现有评价方法内部影响和外部影响区分不严、交叉评价和静态评价不足的问题，展示水电工程项目开发在不同阶段带来的外部效益和外部成本，揭示环境外部性影响的变化规律，从外部性影响角度评价在采取了淹没赔偿措施、环境保护措施和水土保持措施之后项目的环境可行性，拓展环境可行性评价的外延；通过把外部性影响内部化理论引入水电工程项目开发的经济评价中，对不同利益主体在不同阶段的外部性受益和受损情况进行结构性分析，在权衡各利益主体利益的前提下评价项目的经济可行性，并采用内部化的手段对外部性影响进行内部化处理，丰富经济可行性评价的内涵；通过环境外部性影响界定、度量和内部化处理，合理分配项目开发带来的社会文化效益、经济效益和自然生态效益，促使外部性受益者分享其外部收益，充分调动水电工程项目开发企业等补偿主体主动保护移民的利益、主动修复和保护水电工程项目开发区域自然生态环境的积极性，为建设环境友好型、利益共享型水电工程提供全方位的保障，为水电协调、可持续发展打下坚实的基础，促进生态文明建设，促进人与自然和谐发展。

本书由樊启祥教授级高级工程师、李永研究员和王小明正高级工程师共同完成。本书得到国家自然科学基金面上项目"基于交易费用理论的水库移民体制与模式研究"（51179086）、国家重点研发计划（专题）"基于河流健康的梯级电站规划设计理论与关键技术示范"（2016YFC0401709-2）、国家自然科学基金面上项目"基于大数据方法的大型基础设施项目社会风险管理研究"（51779124）等资助。在本书写作过程中，引用和参阅了大量国内外学者的相关论著，在此对所有相关学者深表谢意。

水电工程项目环境外部性问题是一个复杂的学术和工程技术难题，本领域诸多研究成果尚不成熟和完善，加之著者水平所限，不足之处在所难免，敬请专家、同行和各界人士批评指正！

目　　录

第一章　水电工程项目 ………………………………………………………… 1

　第一节　全球水电工程项目开发状况 ………………………………………… 1

　　一、水力发电 ………………………………………………………………… 1

　　二、全球水能资源 …………………………………………………………… 3

　　三、全球水电工程项目开发现状及潜力 …………………………………… 5

　第二节　中国水电工程项目开发状况 ………………………………………… 5

　　一、中国水电发展现状 ……………………………………………………… 5

　　二、中国水电发展面临的机遇 ……………………………………………… 7

　　三、中国水电发展面临的挑战 ……………………………………………… 9

　第三节　水能开发方式 ………………………………………………………… 10

　　一、坝式水电站 ……………………………………………………………… 10

　　二、引水式水电站 …………………………………………………………… 12

　　三、抽水蓄能式水电站 ……………………………………………………… 12

　第四节　水电工程项目的生命周期 …………………………………………… 13

　　一、规划施工期 ……………………………………………………………… 14

　　二、运营维护期 ……………………………………………………………… 15

　　三、退役期 …………………………………………………………………… 15

第二章　水电工程项目开发与环境外部性 …………………………………… 17

　第一节　水电工程项目开发与环境保护 ……………………………………… 17

　　一、水电工程项目开发对环境的影响 ……………………………………… 18

　　二、环境保护管理制度 ……………………………………………………… 24

　　三、环境保护发展历程 ……………………………………………………… 25

　第二节　环境影响经济损益分析 ……………………………………………… 28

　　一、环境影响经济损益分析的定义及重要性 ……………………………… 28

　　二、环境影响经济损益分析方法与指标体系 ……………………………… 29

　　三、环境影响经济损益分析步骤 …………………………………………… 31

　　四、环境影响经济损益分析的局限性 ……………………………………… 32

　　五、环境影响经济损益分析的建议步骤 …………………………………… 33

　第三节　外部性理论及内部化理论 …………………………………………… 36

一、外部性的定义 …………………………………………………………36

二、外部性的分类 …………………………………………………………37

三、外部性及内部化理论的发展历程 ……………………………………39

四、外部性及内部化理论的应用 …………………………………………45

第三章　水电工程项目环境外部性影响评价体系 ……………………………53

第一节　环境外部性影响的形成原因 …………………………………………53

一、水资源属性 ……………………………………………………………54

二、利益主体特点 …………………………………………………………56

三、市场缺陷 ………………………………………………………………57

四、政府缺陷 ………………………………………………………………58

五、外部性影响的产生根源 ………………………………………………60

第二节　环境外部性形成途径 …………………………………………………60

一、环境外部性的特点 ……………………………………………………60

二、环境外部性存在的时空规律 …………………………………………63

三、环境外部性影响的途径 ………………………………………………65

第三节　水电工程项目环境外部性影响识别 …………………………………65

一、指标选取的原则与方法 ………………………………………………66

二、指标的界定与选取 ……………………………………………………68

三、环境外部性影响识别清单 ……………………………………………79

第四节　环境外部性影响评价指标的赋值 ……………………………………82

一、社会文化环境外部性指标赋值 ………………………………………83

二、经济环境外部性指标赋值 ……………………………………………88

三、自然生态环境外部性赋值 ……………………………………………95

第四章　水电工程项目环境外部性影响的内部化研究 ………………………107

第一节　利益相关者和补偿主客体确定 ……………………………………107

一、利益相关者 …………………………………………………………108

二、补偿主客体 …………………………………………………………114

第二节　内部化模型的构建 …………………………………………………117

一、动态内部化补偿标准的构建 ………………………………………118

二、动态内部化补偿系数的确定 ………………………………………119

第三节　内部化的原则、模式与途径 ………………………………………120

一、内部化的原则 ………………………………………………………120

二、内部化的模式与途径 ………………………………………………123

第四节　外部性影响内部化保障措施 ………………………………………138

一、法律保障体系构建 …………………………………………………138

二、补偿激励政策系统构建 …………………………………………… 140

第五章　水电工程外部性综合评价及内部化研究实例 ………………… 142

第一节　水电工程项目开发环境外部性综合评价指标筛选 ………… 142

一、社会文化环境外部性指标筛选 ………………………………… 142

二、经济环境外部性指标筛选 ……………………………………… 144

三、自然生态环境外部性指标筛选 ………………………………… 146

第二节　水电工程项目开发环境外部性影响评价指标赋值 ………… 150

一、社会文化环境外部性指标赋值 ………………………………… 150

二、经济环境外部性指标赋值 ……………………………………… 158

三、自然生态环境外部性指标赋值 ………………………………… 169

第三节　水电工程项目开发产生的环境外部性影响 ………………… 184

一、环境外部性影响结果分析 ……………………………………… 185

二、环境外部性影响评价结果合理性分析 ………………………… 189

第四节　水电工程项目开发环境外部性影响内部化 ………………… 191

一、工程周边地区和大坝下游地区补偿主体的补偿标准 ………… 192

二、受电区补偿主体的补偿标准 …………………………………… 195

三、针对环境负外部性受损者的补偿措施 ………………………… 196

参考文献 ……………………………………………………………… 201

第一章　水电工程项目

水电是清洁能源，可再生、无污染、运行费用低，便于进行电力调峰，有利于提高资源利用率和经济社会的综合效益。在地球传统能源日益紧张的情况下，水电建设事业取得了飞速发展。

第一节　全球水电工程项目开发状况

水能具有资源量丰富、开发利用技术成熟、经济性能好以及能源保障能力强等特点，且利用水能资源的水电工程一般兼具防洪、供水、航运等综合效益。《中美气候变化联合声明》要求：到 2030 年，非化石能源占一次能源消费比例提高到 20%左右。在当前科技水平下，水电无疑是替代化石能源的第一主力，积极发展水电是调整能源格局的需要和必然，也是世界各国能源布局的政策方向。

一、水力发电

水力发电利用河流、湖泊等位于高处具有势能的水流至低处，将其中所含势能转换成水轮机动能，再借水轮机为原动力，带动发电机产生电能。水力发电从某种意义上讲，是水的势能转变成机械能，再转变成电能的过程。水力发电原理如图 1-1 所示。

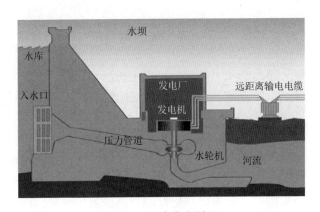

图 1-1　水力发电原理

（一）历史沿革

人类利用水力进行发电的历史可追溯至 19 世纪。1878 年，法国建成世界上第一座水电站。1882 年，美国威斯康星州的福克斯河上，建造了由一台水车带动两台直流发电机组的水电站，装机容量为 25kW。1885 年，第一座商业性水电站——特沃利水电站，在意大利建成，装机容量为 65kW。1895 年，在美国与加拿大边境的尼亚加拉瀑布处建造了一座大型水轮机驱动的 3750kW 水电站。

1910 年，中国第一座水电站——云南省螳螂川上的石龙坝水电站开始建设，1912 年发电，当时装机容量为 480kW，其后分期改建、扩建，最终达到 6000kW。1949 年中华人民共和国成立前，全国建成和部分建成水电站共 42 座，共装机 36 万 kW，年发电量为 12 亿 kW·h。1950 年以后，水电建设有了较快发展，以单座水电站装机容量在 25 万 kW 以上为大型，2.5 万～25 万 kW 为中型，2.5 万 kW 以下为小型，大、中、小并举，建设了一批大型骨干水电站。其中，最大的水电站为在长江上的三峡水电站。在一些河流上建设了一大批中型水电站，其中有一些串联为梯级。此外，在一些中小河流和溪沟上修建了一大批小型水电站。截至 1987 年底，全国水电装机容量共 3019 万 kW（不含 500kW 以下小型水电站），小型水电站总装机容量为 1110 万 kW（含 500kW 以下小型水电站）。2010 年 8 月 25 日，云南省有史以来单项投资最大的工程项目——华能小湾水电站四号机组（装机容量为 70 万 kW）正式投产发电，华能小湾水电站成为中国水电装机容量突破 2 亿 kW 的标志性机组。

2012～2022 年，我国水电装机容量从 2.49 亿 kW 增长至 4.1 亿 kW，水电发电量从 0.9 万亿 kW·h 增长至 1.2 万亿 kW·h。2014 年以来，我国的水电装机容量和发电量一直稳居世界第一。

（二）水力发电的特点

水能是一种取之不尽、用之不竭、可再生的清洁能源。水力发电具有能源的再生性、发电成本低、高效而灵活、工程效益的综合性和一次性投资大等特点。

1. 能源的再生性

水流按照一定的水文周期不断循环，从不间断，因此水力资源是一种再生能源。水力发电的能源供应只有丰水年份和枯水年份的差别，而不会出现能源枯竭问题。但当遇到特别的枯水年份，水电站的正常供电可能会因能源供应不足而受到影响，出力大为降低。

2. 发电成本低

水力发电只利用水流所携带的能量，无须再消耗其他动力资源，而且上一级电站使用过的水流仍可为下一级电站利用。另外，由于水电站的设备比较简单，其检修、维护费用也较同容量的火电厂设备低得多，如计及燃料消耗在内，火电厂的年运行费用为同容量水电站的 10～15 倍。因此水力发电的成本较低，可以提供廉价的电能。

3. 高效而灵活

水力发电的主要动力设备为水轮发电机组，不仅效率较高，而且启动、操作灵活。它可以在几分钟内从静止状态迅速启动投入运行，在几秒钟内完成增减负荷的任务，适应电力负荷变化的需要，而且不会造成能源损失。因此，利用水电承担电力系统的调峰、调频、负荷备用和事故备用等任务，可以提高整个系统的经济效益。

4. 工程效益的综合性

一方面，筑坝拦水形成了水面辽阔的人工湖泊，控制了水流，因此兴建水电站一般兼有防洪、灌溉、航运、供水以及旅游等多种功能；另一方面，建设水电站后，也可能造成泥沙淤积，淹没良田、森林和古迹等，可能造成库区附近疾病传染，建设大坝还可能影响鱼类的生活和繁衍，库区周围地下水位大大提高会对其沿岸的果树、作物生长产生不良影响。同时，大型水电站建设还可能影响流域的气候，导致干旱或洪水，还有可能诱发地震。

5. 一次性投资大

兴建水电站土石方和混凝土工程量巨大；而且会造成相当大的淹没损失，须支付巨额的移民安置费用；工期也较火电厂建设工期长，影响建设资金周转。即使由各受益部门分摊水利工程的部分投资，水电的单位千瓦投资也比火电高出很多。

二、全球水能资源

全球水能资源理论蕴藏量约为 390966 亿 kW·h/a，其中技术可开发量为 146531 亿 kW·h/a，经济可开发量为 87279 亿 kW·h/a。五大洲中亚洲水能资源理论蕴藏量居首位（197016 亿 kW·h/a），占全球的 50.4%。各大洲水能资源蕴藏量及可开发量如图 1-2 所示。

在亚洲，中国和印度水能资源最为丰富。中国水能资源理论蕴藏量为 60829 亿

kW·h/a，经济可开发量为 24740 亿 kW·h/a。印度水能资源理论蕴藏量位列世界第五，约为 26380 亿 kW·h/a，经济可开发量为 4400 亿 kW·h/a（负载系数为 60%）。东南亚和南亚国家水能资源也较丰富，马来西亚、缅甸、尼泊尔、越南、老挝、巴基斯坦等国家水能资源理论蕴藏量分别为 13100 亿 kW·h/a、5700 亿 kW·h/a、43000 亿 kW·h/a、1800 亿 kW·h/a、1400 亿 kW·h/a、1300 亿 kW·h/a。另外，中亚和西亚国家也有较丰富的水能资源。

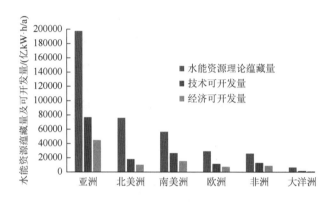

图 1-2　世界水能资源蕴藏量及可开发量

北美洲水能资源理论蕴藏量为 75745 亿 kW·h/a，占全球的 19.4%，水电是该地区应用最广的可再生能源。其中，加拿大水能资源理论蕴藏量为 12238 亿 kW·h/a，经济可开发量为 5230 亿 kW·h/a；美国水能资源理论蕴藏量约为 10630 亿 kW·h/a，经济可开发量为 3760 亿 kW·h/a。

南美洲水能资源理论蕴藏量为 56960 亿 kW·h/a，约占全球的 14.6%。其中，巴西水能资源理论蕴藏量为 30204 亿 kW·h/a，技术可开发量为 8000 亿 kW·h/a；哥伦比亚、阿根廷水能资源理论蕴藏量分别为 10000 亿 kW·h/a、1720 亿 kW·h/a，技术可开发量分别为 2000 亿 kW·h/a、1300 亿 kW·h/a。

欧洲水能资源理论蕴藏量仅占全球的 7.4%。而挪威拥有西欧最多的水能资源，理论蕴藏量为 6000 亿 kW·h/a。瑞典、瑞士水能资源理论蕴藏量分别为 1760 亿 kW·h/a、1500 亿 kW·h/a，技术可开发量分别为 1300 亿 kW·h/a、410 亿 kW·h/a。东欧水能资源不如西欧，仅有少数国家水能资源较为丰富。

非洲水能资源理论蕴藏量为 25902 亿 kW·h/a，仅占全球的 6.6%。刚果（金）是非洲水能资源理论蕴藏量最大的国家，约为 14000 亿 kW·h/a，技术可开发量占 55%。埃塞俄比亚水能资源居非洲第二，理论蕴藏量为 6500 亿 kW·h/a，技术可开发量超过 2500 亿 kW·h/a。其他水能资源比较丰富的国家中，莫桑比克、赞比亚水能资源理论蕴藏量分别为 720 亿 kW·h/a、288 亿 kW·h/a。

大洋洲水能资源理论蕴藏量全球最低，不到全球的2%，仅6334亿kW·h/a。

三、全球水电工程项目开发现状及潜力

受地理环境和气候条件影响，全球水能资源分布很不均匀。从技术可开发量分布来看，占比为亚洲50%、南美洲18%、北美洲14%、非洲9%、欧洲8%和大洋洲1%。据国际水电协会（International Hydropower Association，IHA）2020年报告，截至2019年底，全球水电装机容量1308GW，其中抽水蓄能电站装机容量158GW，全年发电量4306TW·h。2019年新增装机容量15.6GW，新增发电量106TW·h，其中，亚洲的中国、老挝、巴基斯坦，南美洲的巴西，非洲的安哥拉、乌干达和埃塞俄比亚，横跨亚洲和欧洲的土耳其的新增贡献最大。

全球水电开发程度按照年均发电量计算，约占技术可开发量的27.3%。分地区看，欧洲、北美洲国家水电开发程度较高，增长潜力有限。非洲、南亚和东南亚地区水电开发程度较低，开发潜力大。南美洲基本与全球平均水平持平。总体而言，全球水能资源开发程度不高，未来还有很大的发展空间。

第二节　中国水电工程项目开发状况

水电工程项目开发是有效增加清洁能源供应、优化能源结构、保障能源安全、改善大气环境、刺激经济发展、实现可持续发展的重要措施，具有不可替代的地位。改革开放40多年来，中国水电的发展虽然经历了很多曲折，但成绩斐然、令人瞩目。放眼未来，中国水电发展的前景依然广阔。一方面，中国水电还有超过60%的开发潜力待挖掘；另一方面，水电的发展和作用的发挥可以帮助中国实现能源转型、可持续发展以及兑现碳减排的承诺。

一、中国水电发展现状

中国水能资源丰富，无论是水能资源理论蕴藏量，还是可能开发的水能资源，在世界各国中均居第一位。根据2000～2004年进行的全国水力资源复查成果，中国水电资源理论蕴藏量装机6.94亿kW，约占全球总量的1/6，其中技术可开发量为5.42亿kW[1]。不仅如此，受气候、地形、地势等因素的影响，中国水能资源具有河道陡峻、落差巨大的突出特点，对开发水力发电十分有利。经过几代人的努力，中国水力发电行业得到了长足发展，2000～2022年中国水力发电装机容量及增长率如图1-3所示，2000～2022年中国水力发电量及增长率如图1-4所示。

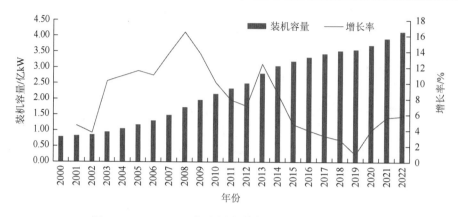

图 1-3　2000～2022 年中国水力发电装机容量及增长率

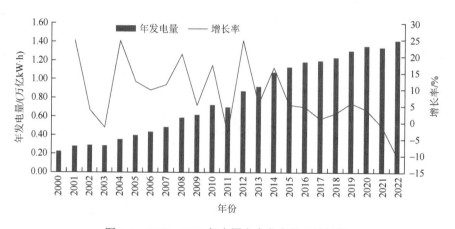

图 1-4　2000～2022 年中国水力发电量及增长率

　　2022 年，中国水电装机容量达 4.1 亿 kW，年发电量 1.40 万亿 kW·h，双双继续稳居世界第一。此外，据不完全统计，中国已建 5 万 kW 及以上大中型水电站 700 余座。中国水电无论从规模、效益、成就，还是从规划、设计、施工建设、装备制造水平上，都已经处于世界领先水平。截至 2022 年，不仅世界上单机 70 万 kW 的水轮发电机组绝大部分都安装在中国，而且，单机达到 80 万 kW 和 100 万 kW 的水轮发电机也只在中国才有。另外，中国水电建设队伍与 100 多个国家和地区建立了水电工程项目开发多形式的合作关系，承接了 60 多个国家的电力和河流规划，业务覆盖全球 140 多个国家，拥有海外权益装机容量超过 1000 万 kW，在建项目合同总额达 1500 多亿美元，国际项目签约额名列中国"走出去"的行业前茅，累计带动数万亿美元国产装备和材料出口。近年来，中国的水电人已经在"一带一路"沿线国家建立起多个"三峡工程"，如马来西亚巴贡水电站、苏丹麦洛维水电站、几内亚凯乐塔水电站等。

二、中国水电发展面临的机遇

展望未来，在新形势下中国水电面临的主要矛盾不仅有原来的移民和环保，还有资源和市场的问题。显然，如果水电缺乏资源，必然就不能再发展；假如没有市场，当然也就无法发展。

（一）水电开发潜力巨大、水电占比还会上升

与发达国家相比，中国水电开发程度较低，未来还有很大的提升空间，全球部分国家水电开发程度对比如图 1-5 所示。具体来看，瑞士、法国、意大利水电开发程度已超过 80%，德国、日本、美国水电工程项目开发程度也在 67% 以上，而中国水电开发程度仅为 37%（按发电量计算），稍高于全球平均水平，与发达国家相比仍有较大差距。

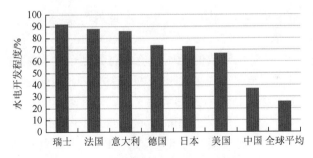

图 1-5　全球及主要国家水电开发程度对比

根据发达国家水电开发的历程，中国水电的开发潜力巨大。如果能达到发达国家水电工程项目开发的平均水平，那么未来中国的水电至少每年应提供 2.4 万亿 kW·h 的电能。假设中国用电达到峰值，按照 14 亿人口计算，每人每年 8000kW·h 电量的需求，即每年 11.2 万亿 kW·h，则水电在未来用电最高峰的电力构成中，至少可提供 20% 的电能，远高于 2022 年的 16%。也就是说，中国的资源禀赋显示：未来水电的作用，不仅不会减小，而且还有所增加。

（二）市场规范化有助于水电发展

随着弃水问题得以解决，水电电源建设投资规模逐步回升，可进一步拓宽水电

行业发展前景。2017 年，中国水电投资规模小幅上升为 618 亿元，同比增长 0.16%；2018 年，水电消纳政策进一步升级，水电电源建设投资规模增至 677 亿元，同比增长 9.1%，如图 1-6 所示。

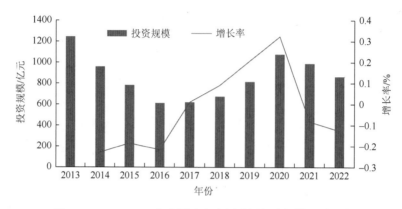

图 1-6　2013～2022 年中国水电电源建设投资规模及增长率

（三）《巴黎协定》倒逼能源革命，"双碳目标"需水电助力

近 20 年来，气候变化导致的全球环境问题受到全世界关注。《巴黎协定》于 2016 年 11 月 4 日正式开始生效，根据《巴黎协定》，地球的温升要争取控制在 1.5℃内，要求在 21 世纪下半叶（2050 年后）达到净零碳排放。2018 年 10 月 8 日，联合国政府间气候变化专门委员会（Intergovernmental Panel on Climate Change，IPCC）又发布了《IPCC 全球升温 1.5℃特别报告》，再次强调各国要在 2050 年实现净零碳排放的重要性。国内外的研究机构普遍认为，要想实现《巴黎协定》净零碳排放的要求，那么 2050 年的能源结构中，非化石能源的占比至少要超过 80%；相应的在电力构成中，应该达到 100%的非化石能源，因此能源革命势在必行。

碳排放问题的根源是化石能源大量开发和使用，治本之策是转变能源发展方式，加快推进清洁能源替代和电能替代，彻底摆脱化石能源依赖。在当前科技水平下，水电无疑是替代化石能源的第一主力，为了达到《巴黎协定》的要求，实现"双碳"目标，中国必须改革现有的能源发展路径，积极推进水电基地建设，进行流域统筹，增加水电占比，进一步优化能源建设结构。

（四）能源革命的电力市场需要尽可能多的水电

在以新能源为主体的新型电力系统中，新能源将逐渐在电源结构中占据主导地位。风电、光伏等新能源虽然具有清洁零碳的优势，但存在间歇性、波动性的短板。因此，在构建新能源占比逐渐提高的新型电力系统这一大背景下，必须充分发挥储能系统双向调节的作用。

常规的流域梯级水电站一般具有多年调节水库，具有天然的储能作用。凭借良好的年、季、日调节能力，水电与风、光等多种新能源跨时空协同开发，可以实现大范围互补互济，提高清洁能源发电利用效率，促进新能源开发及能源清洁转型。例如，中国四川省的凉山州，水、风、光资源在时空上具有明显的互补性：每年11月到次年5月雨水少，但天气晴朗，风速也较大；6～10月雨水多，风速也较小，风、光能时间分布与水能资源的丰枯期正好互补。通过"风光水互补"一体化发展，至2025年，凉山州计划外送电力超过3500亿 kW·h。

抽水蓄能是最成熟、最可靠、最安全、最具大规模开发潜力的储能技术，对于维护电网安全稳定运行、构建新能源占比逐渐提高的新型电力系统具有重要支撑作用。截至2021年底，中国抽水蓄能电站装机容量为0.36亿 kW，要实现2030年抽水蓄能电站装机容量达到1.2亿千瓦左右的目标，还需大力开发抽水蓄能电站。

因此，中国要在2050年实现完全由非化石能源供电，不是水电需要电力市场而是电力市场需要大量的水电。

三、中国水电发展面临的挑战

（一）水电工程项目开发的经济性越来越低

中国剩余的可开发水能资源大部分位于上游河段，地理位置偏远、交通条件差、地质条件复杂、开发难度大、输电距离远、生态脆弱、耕地匮乏，水电工程项目开发的经济性较低。此外，随着社会的进步和人们环保意识的增强，公众的压力和政策的压力越来越大，人们对水电的环境效益和社会效益的预期也越来越高，水电在市场中的竞争优势越来越小。

（二）水电工程项目开发中的移民环保问题

党的二十大报告指出，大自然是人类赖以生存发展的基本条件，要以国家重点生态功能区、生态保护红线、自然保护地等为重点，加快实施重要生态系统保护和修复重大工程。因此，社会主义新时代的水电工程项目开发应高度重视生态环境的恢复与保护，制定科学有效的环境保护措施，加大水生生态系统的保护力度，保障生态流量、减弱水文影响、开展生态修复，切实保护河流生态健康，建设环境友好型水电工程,保障水电绿色发展。在保护生态环境的同时,社会主义新时代的水电工程项目开发还应坚持社会效益与经济效益并重,把水电工程项目开发与稳定脱贫攻坚成果、增加群众资产性收益、促进区域经济发展相结合,让地方和移民共享水电工程项目开发成果。因此,绿色发展和共享发展是社会主义新时代水电工程项目开发的两条主线。

在水电工程项目开发经济性逐渐降低而社会效益和环境效益预期越来越高的前提下,如何实现水电绿色、共享的发展,是社会主义新时代水电工程项目开发亟待解决的难题。

(三)大力发展可再生能源与严重弃水的矛盾

中国经济进入新常态,电力需求的增长急剧下降,在开始大力发展可再生能源时,行业内似乎没有做好煤电需要逐步退出历史舞台的心理准备,导致弃水、弃风、弃光问题严重,2016 年弃水电量达 501 亿 kW·h、2018 年为 691 亿 kW·h,但水电弃水(除调峰弃水等正常弃水外)赔偿并未得到落实;另外,水电作为清洁能源在全国范围内优化配置受阻,没有纳入全额保障性收购政策,仅为参照执行,水电优先上网的权利未得到国家法律和制度的保障,水电的发展前景令人担忧。

要解决好中国水电弃电的问题,必须要跳出水电本身的局限。因为,无论是水电弃水、风电弃风还是光伏弃光,都与中国的能源革命、电力转型的推进力度紧密相连。要推动能源革命、实现电力转型,不能仅大力开发、利用可再生能源,更应进行主体能源的变更,创造条件,尽可能少用和清洁化利用化石能源(尤其是碳排放量巨大的煤炭)。

第三节　水能开发方式

水能资源的开发方式分类方法有很多种,按引用流量的方式分为径流式开发、蓄水式开发和集水网道式开发;按集中落差的方式分为坝式开发、引水式开发、混合式开发、梯级开发和抽水蓄能式开发。不同的水能开发方式对环境产生不同的影响,本节重点介绍坝式、引水式和抽水蓄能式三种基本布置形式水电站及其对环境的影响。

一、坝式水电站

坝式水电站是指筑坝抬高水头,集中调节天然水流,用以生产电力的水电站。

其主要特点是拦河坝和水电站厂房集中布置于很短的同一河段中，电站的水头基本上全部由坝抬高水位获得。按照水电站主要建筑物拦河坝与水电站厂房的相对位置，可分为坝后式（图1-7）和河床式（图1-8）两大类。

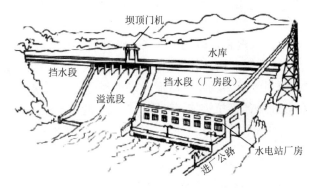

图 1-7 坝后式水电站[3]

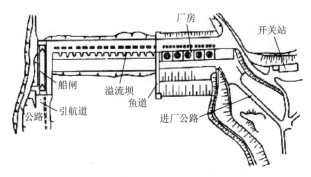

图 1-8 河床式水电站[3]

坝式水电站通常具有调节性能，适宜担任电力系统的调峰、调频和备用检修任务，可增大电站的电力效益，提高供电质量；可以有效地削减洪峰流量对下游的破坏程度，提高下游城镇的防洪标准；通过水的调节功能，使河道多年平均流量增加，增加河道枯水期流量；水库蓄水可以增加灌溉用水和城镇用水，改善局地气候，有利于动植物的生长；水库蓄水还可以淹没浅滩，提高航道等级；电站的修建可以促进相关产业发展、拉动就业。

但水库淹没大面积土地，迫使移民外迁，容易产生移民的生活、文化、心理不适应性；大坝阻断了天然河道，改变了河道自然演进过程及天然水流情势，使河流的连续性和河道的流态都发生变化，进而导致整条河流上下游的水文特征发生改变，对河道及周边地区产生不利影响，影响河流的生态健康，造成生物多样性下降、部分物种灭绝等严重问题。

二、引水式水电站

引水式水电站一般建在河流坡降较陡、落差比较集中的河段，以及河湾或相邻两河河床高程相差较大的地方，利用坡降平缓的引水道引水，与天然水面形成符合要求的落差发电。引水式水电站可分为无压引水式水电站（图1-9）和有压引水式水电站（图1-10），无压引水式水电站的引水道为明渠、无压隧洞和渡槽等；有压引水式水电站的引水道多为压力隧洞和压力管道等。引水渠的修建将扰动地表，破坏植被，使表土裸露，抗蚀能力减弱，造成新的水土流失；地下工程等施工将影响地下水补给、径流和排泄条件，造成局部涌水、渗水、漏失等问题。

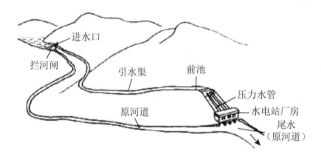

图1-9　无压引水式水电站[4]

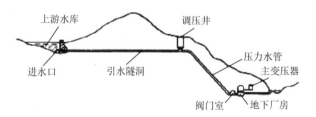

图1-10　有压引水式水电站[4]

与坝式水电站相比，引水式水电站的土地淹没和移民问题较少，但是引水式水电站将径流引至下游或相邻流域发电造成坝下游河流或大坝与发电尾水间河段干涸，河道脱水、减水问题较为突出，减脱水河段对下游水生生态系统、陆生生态系统、工业和农业用水都将造成不利的影响。

三、抽水蓄能式水电站

抽水蓄能式水电站是利用电力负荷低谷时的电能抽水至上水库，在电力负荷高峰期再放水至下水库发电的水电站，如图 1-11 所示。抽水蓄能式水电站是电力系统中最可靠、最经济、寿命周期长、容量大、技术最成熟的储能装置，是新能源发展的重要组成部分。

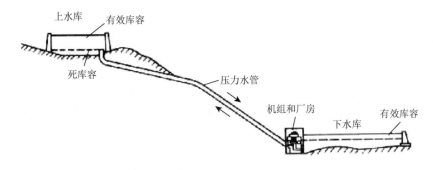

图 1-11　抽水蓄能式水电站[5]

抽水蓄能式水电站可将电网负荷低时的多余电能转变为电网高峰时期的高价值电能，还适于调频、调相，稳定电力系统的周波和电压，且宜为事故备用，可提高系统中火电站和核电站的效率。通过配套建设抽水蓄能式水电站，可以解决以火电为主的电网调峰问题；降低核电机组运行维护费用、延长机组寿命；有效减少风电场并网运行对电网的冲击，提高风电场和电网运行的协调性以及安全稳定性。

抽水蓄能式水电站对陆生生态系统的影响较常规水电站小，但上水库和下水库的建设造成大面积的淹没，无论是人工造湖还是利用天然水库都极大地改变了水生生物和陆生生物的生活环境，打破局部生态平衡；抽蓄水库水位频繁变动，对水库岸边的生物栖息地影响巨大，干湿交替的生活环境会让很多水生生物极不适应；常年水位频繁变动也会使天然水库的岸坡从平缓变得陡峭，改变生物生活的地貌。

第四节　水电工程项目的生命周期

随着工业化发展，进入自然生态环境的废物和污染物越来越多，超出了自然界自身消化吸收的能力，对环境和人类健康造成极大影响。为了评价产品或服务相关的环境因素及其整个生命周期对环境的影响，引入"生命周期"的概念。一般情况下，水电工程项目的"生命周期"分为三个阶段：规划施工期、运营维护期和退役期[6]，如图 1-12 所示，不同阶段对环境的影响不同。

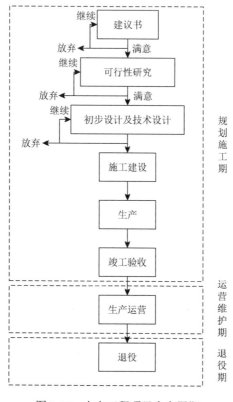

图 1-12　水电工程项目生命周期

一、规划施工期

规划施工期是在国民经济规划和流域规划指导下，提出项目建议书，进行项目可行性研究及项目评估。项目建议书是投资决策前对拟建项目的轮廓设想，可行性研究则是在规划基础上，对建设项目的目标与依据、规划、建设条件、地点、资金来源、综合利用、环保评估、建设工期、投资估算，经济评价、工程效益、存在问题和解决方法等从技术、工程和经济合理性等方面进行全面的分析论证和方案比较，提出评价意见，可行性研究报告包含项目前评价内容。制订开发方案及水能资源利用方案时，要高度重视并处理好水电工程项目开发和环境保护的关系，尽可能避开或减小对重要环境敏感区的淹没影响。如果是流域梯级开发，还应充分考虑上游梯级电站运行调度规则和影响。

规划期主要影响是颁布库区停建令对地方经济发展和居民收入带来的不利影响，以及后期移民搬迁产生的各种移民问题。施工期对环境造成一系列的影响主要包括植被破坏、空气污染、噪声污染、土壤污染、水质污染、水土流失、景观破坏等。工程施工将降低植被生物生产力、影响野生动物的生境、使景观结构进一步简单化，影响人群健康。但工程施工期间，将创造大量就业机会，施工人员的进驻也将拉动当地经济，促进第三产业的发展。另外，工程建设需要购买大量的建筑材料、建筑机械、电站设备等，将促进第二产业的发展。

二、运营维护期

水电站运行的原则是在经济合理地利用水力资源、保证电能质量的基础上，全面实现安全、满发、经济、多供的要求。水电站在电力系统中担任调频、调峰、调相、备用等任务。一般在洪水期间应充分利用水量，使全部机组投入运行，实现满发、多供，承担电力系统基本负荷；在水库供水运行期间，应尽量利用水头，承担电力系统的腰荷和尖峰负荷，充分利用可调出力，起到调频、调峰和事故备用的作用。

水电站正常运行时（即比较稳定连续地发电），取水口位置高程较低，下泄水体温度较低，对下游农作物生产、水生动植物的生长和繁殖、水质与生态平衡等都将产生不利的影响；下泄水体所挟带的沉积物大量减少，导致三角洲、冲积平原和海岸线不断退缩，使滨海地区受到严重侵蚀；下泄水体中生源物质减少，不利于下游水生生物的繁殖，也不利于下游引水灌溉时农作物的生长。水电站调峰运行时（按负荷变动或间歇性地发电），下游河道流量和水位骤变，对下游河道生态、灌溉引水、航运和水生生态环境等产生不利的影响。水电站泄洪时，泄洪雾化可能影响下游交通，造成山体滑坡或岸坡坍塌，影响电站附近居民生活和敏感企业生产；泄洪过程中大量空气卷吸进入水流，产生总溶解气体（total dissolved gas，TDG）过饱和现象，严重威胁河流水生生态系统的安全和稳定，特别是对鱼类的影响尤其显著；电站泄洪冲沙时，还会使下游水体含沙量骤增，给下游水生生物带来不利的影响。

运营维护阶段是水电工程项目投产后综合效益的发挥阶段，防洪、航运、供水、灌溉、养殖、旅游、刺激区域经济发展以及水电清洁能源的环境效益等全面展现，但同时移民问题和自然生态环境问题也逐步显现。

三、退役期

水电站退役是指从停止发电到工程完全拆除，并恢复至天然状态的一系列工作。根据拆除程度的不同可分为部分退役和完全退役。部分退役又可以分为两种：一种是仅退役发电设施，保留大坝和其他建筑物，同时对建筑物进行维修保养；另一种是部分工程设施（包括水电设施）退役，同时要降低坝高或拆除大坝，但保留其他辅助设施。水电站达到一定使用寿命后，大坝及水电设施功能退化、维修加固费用增高，降低等级或退役是其必然经历的生命历程，大坝退役可以防止失事造成的重大损失。拆除年久失修或衰弱的大坝可以恢复天然河流的流态、鱼类的洄游通道和野生动物的栖息地，但是拆除大坝将影响城镇供水、农田灌溉、地方经济、河道运输，降低防洪能力，影响库区生物。

（一）淤沙处理问题

大坝拆除后，留下的泥沙数量巨大，可能比施工时的废弃渣量还大。如果不做任何处理，任其被水流冲刷进入下游河道，会引起水流含沙量升高，而如果采用机械清除，运输方式与泥沙搁置问题就会凸显，岸坡稳定问题也需要关注。另外，大量的淤沙下泄会给下游带来严重的负面影响，随着大坝部分或全部拆除，河水会冲刷库区的淤沙，使河水浑浊度增大、下游河流中推移质增加；改变建坝后形成的河流形态；淤沙的无控泄放可引起淤积波向下游移动，堵塞各类取水口；淤沙还会抬高下游河床，改变支流的汇流状况及河势，影响未来洪水位，扩大洪水淹没区等。

（二）拆坝对生态环境的影响

大坝的建设改变了江河的天然环境，大坝的拆除也会改变上下游的水生生态系统，这种改变随时间和空间而变化。

从空间角度看，河流在限定的流域范围内运转。大坝的拆除对紧邻大坝区域和库区产生重大影响，并很可能对下游较远区域产生影响。拆坝后水生有机体重新与上游源头地区发生联系，可向上游洄游。因此拆除大坝可能对上游被淹没河段产生影响，涉及能量交换、泥沙重分布以及鱼类通道等问题。

从时间角度看，拆坝会给河流水生态系统和生物多样性带来短期与长期影响。大坝拆除可能增加水生昆虫、鱼类及其他生物机体的数量和多样性。水库四周的湿地可能消失，沿江河岸边的湿地和滨水区域可得到恢复。此外，尽管水质在大坝刚拆除后可能退化，但天然水流的恢复最终可使水生栖息地环境得到改善，鱼类数量常常会回弹。建坝后的水生生物种群发生改变，建坝前的生物种群只有通过主动的恢复活动才可以重新出现，包括恢复栖息地和底土层以及加强流域管理等。因建坝前的水生生物种群很可能通过进化和连续发展，根据天然和改变的物理化学环境、流域以及栖息地变化而发生改变，因此大坝的拆除很难原样恢复建坝前的生态环境。

拆坝后河流流速增大、河流水温改变、水流含沙量变化、鱼类洄游通道恢复、河流水质和生物变化、河流岸坡植被变化，这些变化会对河流鱼类的生长、发育和繁殖产生不同程度的影响。

第二章　水电工程项目开发与环境外部性

2022 年中国水电装机容量达 4.1 亿 kW，年发电量超过 1.2 万亿 kW·h，装机容量和发电量均稳居世界第一。根据发达国家水电工程项目开发的历程以及全球发展低碳经济的要求，未来水电在能源供应中仍将占据重要地位，积极有序地开发水电是今后水电工程项目开发的主题。水电工程项目投资体量大、影响范围广、影响受体众多、影响方式复杂、舆论关注度高等特点使水电工程项目开发对社会、经济和自然生态环境产生各种影响。为全面评价水电工程项目开发对环境产生的影响，并采取相应的措施避免影响的产生或弱化影响的程度，应在环境影响评价报告中对水电工程项目开发产生的环境影响进行环境经济损益分析，判断水电工程项目开发的环境可行性；在经济评价报告中对水电工程项目开发产生的国民经济影响进行经济费用效益分析，判断水电工程项目开发的经济可行性。但外部性影响的存在、外部性概念的模糊暴露了环境经济损益分析和经济费用效益分析的局限性。本章通过分析水电工程项目开发环境保护工作的发展历程环境经济损益分析和经济费用效益分析的局限性，引入经济学中的外部性理论，分析外部性理论对水电工程项目开发环境可行性评价和经济可行性评价的补充作用及其与资源配置的关系。

第一节　水电工程项目开发与环境保护

相对于化石燃料来说，水电是清洁能源，水力发电是将水的势能转化为电能的过程，过程中既不会向环境排放废水、废气、固体废物等，也不会因排放某些有害物质导致环境质量级别降低。但在水电工程项目筹备、建设、运营和退役阶段，将对不同影响区域的社会文化、经济和自然生态环境等各个方面产生较大的影响。对环境的影响主要是由建坝引起的，全球约有 45000 多座大坝［国际大坝委员会（International Commission on Large Dams，ICOLD）规定：坝高大于 15m，或坝高 5～15m 且库容大于 300 万 m³ 为大坝］，中国最多，约有 20000 多座，美国有 8700 座。水电工程除了提供清洁的电力之外，还将带来防洪、灌溉、供水等正面效益，同时因工程施工、土地淹没、改变水沙情势、阻隔河道连续性等，也会产生负面影响。

一、水电工程项目开发对环境的影响

本节以某水电工程项目为例，说明水电工程项目开发对环境的影响。水电工程项目对环境的影响包括多个方面，从利弊来讲，包括正面影响和负面影响；从项目所处阶段来讲，包括规划施工期影响、运营维护期影响和退役期影响；从影响关系来讲，包括直接影响和潜在影响。

（一）直接环境影响

1. 正面影响

1）工程发电效益

X 水电站是具有多年调节能力的 Y 江中下游梯级电站"龙头水库"，其调节库容为 100 亿 m^3。X 水电站装机容量为 40 万 kW，多年平均发电量为 190 亿 kW·h。其中，枯期电量占年电量的 51%。X 水电站发电量多，电能质量好，是 Z 省电力系统 2010 年以后国民经济发展用电不可替代的项目。

X 水电站具有良好的调节性能，电站建设可以大大改善 Z 省电力系统水电调节性能，提高水电在电网中的保证电量比例，可使下游水电站出力翻一番，汛期电量与枯期电量之比由无 X 水电站时的 3∶2 改善为 1∶1，汛枯电量基本均衡。

通过跨流域水电站群补偿调节，可使 Z 省水电站群每年净增枯期电量近 50 亿 kW·h，汛枯期电量比例改善为 1∶1，使具有年及年以上调节能力的水电容量比例由 10% 左右提高到 70% 以上，彻底扭转了 Z 省电力系统长期以来存在的"丰弃、枯紧"被动局面，不合理的电源结构得到根本改善。

通过全系统水、火电联合调度，对建设 X 水电站和不建设 X 水电站方案的系统电力电量进行平衡计算，可以看出，建设 X 水电站相当于不花一分钱的同时，又得到一座水电站。

2）经济效益

X 水电站单位千瓦投资 4430 元（1999 年价），按现行财税制度测算，上网电价为 0.165 元/(kW·h)，该电价具有很强的竞争力。按照 X 水电站较低的上网电价 0.165 元/(kW·h)（1999 年不变价）测算，电站建成后，每年经济收入达 31.45 亿元，为社会创造收益达 1000 亿元以上，经济效益显著。

2. 负面影响

1）施工期"三废"排放及噪声影响

X 水电站施工废水排放量约为 1740t/h，虽然排放量较大，但不含有毒物质（主要是泥沙悬浮物含量较大，其次是混凝土工程废水 pH 偏高）；X 水电站施工期间生活污水排放量约为 1600m³/d，所含污染物种类和浓度均明显低于一般城市污水。因 Y 江径流量很大，并且在工程环境保护措施中已规划了废水处理措施，因此对 Y 江水质不会造成污染威胁。

X 水电站施工期间，各种施工机械将耗油 9.059 万 t，按年总工期计算，年均燃烧油料排放有害物质：铅化物 153.641t、烯烃类有机物为 437.187t、CO 为 2658.725t、SO_2 为 319.058t、NO_x 为 4372.145t。按施工燃煤总耗用量 7.046 万 t 计，施工期年均排放 CO 1559.442t、NO_x 255.065t、SO_2 589.46t、烟尘 2818.4t。由于这些污染物是在十余年的时间内分期排放，并且施工区域很大，污染源又较为分散，经预测，施工期间施工区域大气环境质量不会明显下降。

2）施工占地影响

X 水电站施工占地总面积达 739.48hm²，其中耕地 52.64hm²，有林地 275.14hm²，灌木林地 412.7hm²，改变了施工区域的土地利用状况，对当地农业生产和森林植被均造成一定的不利影响。另外，在施工区进行的开挖、砌筑等建设活动将严重破坏施工区局部地形、地貌，是工程水土流失的重点责任区，须采取强有力的水土保持措施。

3）水库淹没影响

（1）水库淹没使库区森林植被减少。根据水库淹没实物指标调查，X 水库将淹没林地 7375hm²，占水库淹没陆地面积的 42.8%，占库周总林地面积的 0.48%，虽然对整个工程区域影响不大，但对于水库区域生态环境具有一定的影响。

（2）水库淹没涉及两个自然保护区，即省级 O 自然保护区和 P 野生动物保护区。

经分析，O 自然保护区总面积为 95.84km²，水库淹没 2.85km²，占保护区面积的 3%；P 野生动物保护区总面积约为 10km²，水库淹没 1.01km²，占保护区面积的 10.1%。

经调查，两个保护区受水库淹没影响的均是保护区的实验区，区内人类活动频繁，村庄、耕地较多。O 自然保护区淹没面积中，耕地占 37%，森林面积占 26.5%；P 野生动物保护区淹没面积中，耕地占 40.2%，森林面积仅占 3.4%。因此，X 水电站建设对这两个保护区的影响很小，不影响其保护区功能及主要保护对象。

（3）水库淹没经济损失。根据初步设计阶段水库淹没损失调查成果，X 水库淹没陆地面积 172.16km²。其中，淹没耕地 3712hm²（水田 1562hm²，旱地 2150hm²），包含各种园地 49.3hm²；淹没各类林地 7375hm²，草山 2716hm²；淹没影响农村集镇（街场）4 个，村庄居民点 95 个，各类房屋面积 35.8 万 m²。另外，X 水库还淹没 3 级公路 18km，4 级公路 118.2km，乡村公路 68.3km，大型桥梁 7 座，以及一些其他小型水利水电工程、输变电线路、邮电通信线路等专项设施。

水库淹没造成的经济损失对当地经济和水库区域居民生活造成较大的影响：有 32737 人需要进行迁移安置；有大量的交通、水利、街场、输电、通信线路需要恢复重建。

（4）水库淹没部分文物古迹。X 电站水库淹没少量文物古迹，如 A 县至 B 县"南方丝绸之路"上的 C 桥、D 县 Y 江上的 E 桥等。这些文物古迹多数因年久失修，洪水破坏而保护价值降低，只有个别保护价值大的需要迁移。

（二）潜在环境影响

1. 正面影响

1）环境效益

X 水电站可替代燃煤火电电量约 25TW·h，每年可以节省标准煤约 860 万 t（折合原煤 1720 万 t），从而减少了大量废气、废水和废渣排放，对改善环境具有良好作用。

2）拦截泥沙

X 水电站水库每年将拦截坝址以上悬移质泥沙约 0.48 亿 t，推移质泥沙 0.015 亿 t，解决下游已建、在建的 F 和 G 水电站水库泥沙淤积问题，延长了水库使用寿命，减少了泥沙对水轮机的磨损。

3）防洪效益

X 水库可提供与兴利结合的调洪库容约 13 亿 m^3，削减洪峰 12%，从而提高下游先建电站 F、G 水电站的防洪标准，减少下游 H 等后建水电站的库区回水临时淹没损失和工程建设中的施工导流设施建设费用。

4）水库形成有利于发展库区航运

X 水电站水库坝前壅水高度为 250m，Y 江干流主库回水为 178km，支库回水为 123.7km，形成平均水深 80m、平均宽度 628m、面积 189.1km^2 的人工湖。这一变化使原来不能通航的河段可以通航了，为原来交通较为闭塞的水库区域发展航运交通创造了条件。

5）社会经济效益

X 水电站的建设，既是基础设施建设，又是能源开发，对其他产业发展联动作用大，可带动机电制造业、建筑建材业、交通运输业以及第三产业发展，达到扩大内需、拉动经济增长、提供更多就业机会的目的。X 水电站全部建成以后，每年可为全社会创造 1000 亿元以上的社会价值。

6）局地气候变化有利于生态环境和农业生产

X水电站属大型水利水电工程，水库面积达190km^2。水库建成蓄水后，水库区域局地气候将发生一定变化。据预测分析，水库蓄水后，在环库岸1～2km内，局地气候变化比较明显。一般情况下，春夏两季月平均气温降低0.1～0.5℃，秋冬两季气温增高0.3～1.4℃；年内最高气温降低1.0℃左右，最低气温上升1～2℃。水面及库岸区域年降水量将减少126～130mm，但库周，特别是迎风面山坡降水量将有所增大，另外水面风速也会有所增大。水库区域局地气候的变化总体来说对生态及农业生产是有利的。

7）旅游

X水电站建成以后，高峡平湖景观独特，库区气候宜人，风景优美，为发展旅游业创造了条件。同时可与下游已建、在建的F、G梯级水库连成一条观光旅游热线。

2. 负面影响

1）对地质环境的不利影响

（1）水电站潜在诱发地震的因素。X水电站具备水库地震的内在构造条件和外部诱发条件，因而蓄水后可能诱发地震。通过对X水电站各区地段的诱发地震构造条件研究、断裂形态分析、水文地质条件分析、构造应力场有限元计算、历史地震活动性分析、水库规模计算以及工程类比分析，确定X水电站有5个水库诱发地震危险区，可能发生的地震最高震级为5.5级。水库蓄水初期，发震频度高于天然地震频度，对枢纽工程区的影响烈度不超过V度（小于天然状况），对工程安全没有影响，但对当地居民有一定的影响。

（2）局部水库库岸在水库蓄水后会出现失稳的情况。根据库岸地质结构特征与物理地质现象的发育程度等因素，可将库岸划分为稳定库段、相对稳定库段和不稳定库段。根据分析，水库共有9个不稳定库段，总长约93.5km，占库岸全长的16%。在水库蓄水过程中及蓄水初期，这些不稳定库段库岸发生小规模坍塌现象的可能是存在的。库岸坍塌对水库周边居民点及耕地将产生一定的不利影响。

2）对生态环境的不利影响

（1）水库下泄低温水对下游生态环境有一定的不利影响。X水库库容较大，坝前水较深，水库水温将呈分层分布。如果没有遇到洪水，一般情况下通过发电系统下泄水流，因此，水库下泄的一般是水库底层的低温水（12℃左右）。虽然下游H水库沿岸很少有农业灌溉引水设施，对农业生产不会造成影响，但对于水生生物将造成一定的影响。

（2）工程建设造成施工、移民安置区局部水土流失加重。工程所在地Y江中游地区水土流失较为严重，是Y江流域水土流失重点地区。工程对土壤侵蚀的影响主要集中于三个区域，即工程施工区、移民安置区和水库库岸区。

施工区地表扰动较大，水土流失较严重，是工程水土流失治理的重点地区。根据施工组织设计，施工区水土流失影响面积约为 739.48hm²。水库库岸区域可能发生库岸再造、产生滑坡或坍塌等水土流失现象。根据地质资料，水库库岸可能产生滑坡或坍塌的面积约为 1000hm²。移民安置区的水土流失主要发生在移民新村区、移民耕地区、移民基础设施建设区，据初步估算，移民安置区水土流失影响面积约为 6000hm²。

（3）工程建设造成水库区域部分植物群落面积减小。在工程区域分布的 14 种血桐、千果榄仁群落，清香木、白背桐群落和甜根子草群落仅存在于淹没区内，水库蓄水后将在库区范围内消失，但在 Z 省其他地区仍有分布。其余 9 种植物群落在淹没区内外均有分布，但分布面积将缩小。

（4）工程建设对水库区域植物资源造成一定的破坏。工程施工活动占用土地、清除征地范围内植物、开挖土石、人员活动加剧等，对植物资源造成直接破坏。

运行维护期影响如前所述，有直接影响和潜在影响两种，直接影响是水库蓄水后，淹没线以下的所有陆生植物将被淹没。

移民安置垦地建房，如果选址不当，可能造成更大面积的迹地和荒地，加速库周资源的减少和消失，还可能会使某些杂草如紫茎泽兰、鬼针草、扭黄茅、白茅、蒿类和喜氮植物种类的种群扩大。

（5）工程建设缩小了水库区域野生动物的栖息地。施工期间，大量土石方和混凝土工程、库区清理工程、附属设施的建设和人口的增加等，导致施工"三废"和噪声等污染，并使施工区原有植被被大量破坏，对野生动物生境条件会产生各种干扰，野生动物栖息地和食源遭到破坏，迫使动物外逃。

水库蓄水后，直接淹没野生动物原有栖息地，驱逐动物逃往他处。沿岸水库消落区可能成为湿地、沼泽或池塘，这些变化对原来在淹没区栖息的动物影响较大，但另一方面，无疑为水禽创造了较好的栖息地。

移民安置需建设新村庄，并进行一定规模生产开发和垦殖活动，也使得原有野生动物栖息地和食源遭到破坏。

（6）工程建设对工程区域河段水生生物将产生较大影响。X 水电站水库建成蓄水后，库区水面面积增大，水深增加，水流变缓。根据下游已建电站的调查结果，建库前后浮游动物在种类上显著增加，而在动物类群数量上明显减少。因此 X 水库水生生物的区系组成和数量将较原天然河流状况发生变化。

水库建成后，大坝对鱼类具有阻隔作用。急流性鱼类（以鮡科、鲃亚科、平鳍鳅科和条鳅亚科的种类为主）将向上游迁徙，水库区内鱼类的种类和数量将减少；缓流性鱼类种类和数量将增加，如鲤科中的鲤鱼、鲫鱼、刺鳊鲅、麦穗鱼、棒花鱼及其他养殖鱼类会慢慢地增加，有些鱼类将成为优势种属。

对于调查的鱼类资源而言，尚未发现洄游性鱼类，因此不存在对洄游鱼类影响的问题。

（7）工程征地对生态环境带来较大冲击。X水电站工程占地面积较大，其中施工占地739.48hm^2，水库淹没陆地面积172.16km^2，使受水库淹没影响的乡镇、村社的土地利用情况发生很大变化，居民赖以生存的生产、生活设施大量减少，大量居民不得不进行搬迁（1994年调查数据为32737人）。而移民安置进行大规模土地开发活动，又加大了环境承载负荷，对生态环境产生新冲击。因此，移民安置必须考虑安置区环境容量，移民安置工程必须有配套环境保护措施。

3）对当地社会环境的不利影响

工程建成后，水库蓄水初期，水库诱发地震可能性加大，对当地居民心理将产生一定压力。在移民安置过程中，一些年纪大的当地居民故土难离，对移民搬迁会出现抵触情绪；移民与原居民可能因资源分配问题产生矛盾等，都是需要解决的实际问题。

4）移民安置初期对部分移民生活水平的不利影响

移民搬迁后，生活福利与原来相比将有较大改善，但由于许多移民是在新开垦耕地上进行耕作，土壤尚未熟化，因此粮食产量不高，对他们的经济收入将造成影响。为此，必须对这部分移民进行后期扶持。

5）大坝泄洪水雾对下游区域较小范围将造成影响

经预测计算，遇到较大洪水时，X电站大坝采用表孔、中孔和泄洪洞几种方式泄洪都会出现雾流影响区。其影响区范围以表孔、中孔联合泄流方式最大（百年一遇洪水时，雾流影响区长3350m，宽240~800m）。雾流影响区前沿部分，受暴雨影响不能居住，农作物也不能正常生长。

（三）环境保护措施

综上所述，工程建设带来一定的不利环境影响，其主要影响来自水库淹没损失、施工征地、施工期"三废"及噪声污染，以及由征地移民安置产生的次生环境影响三个方面。在水库淹没损失方面，淹没的基础设施、各类土地及居民房屋已经通过恢复重建、经济补偿和移民安置等方式解决；水库淹没涉及的自然保护区，受影响的仅是居民点、耕地较多的实验区，通过资源补偿、将水库淹没影响移民迁出保护区、加强保护区建设等措施，已使其受到的影响尽量减小，而且保护区的管理更加完善。在施工征地及施工期"三废"及噪声污染影响方面，通过采取废污水处理措施、废渣定点稳固堆放措施、粉尘废气和噪声防治措施，以及整个施工区域的水土保持工程和绿化措施得以减小、避免。在移民安置环境影响方面，通过考虑安置区的环境容量，落实移民安置区环境保护措施，已弱化移民安置产生的次生环境影响。

可见通过采取环境保护措施、生态补偿措施、移民安置补偿措施等，工程区域总体环境质量没有下降，生态环保问题也得到较好的处理。而且该水电站带来巨大的经济效益和社会效益，如发电经济收入、改善电源结构、提高梯级电站保证出力、减少燃煤排污、拦洪防沙、发展库区航运旅游业、带动社会经济发展等。

二、环境保护管理制度

随着社会经济发展和环保理念进步，世界各国环境保护管理制度从无到有不断发展，日趋完善。美国、加拿大等发达国家均建立了各级环境保护政府部门和机构，同时制定了包括环境保护法等基本法在内完整的环境保护法律体系。美国的水电工程项目环境管理制度与中国的环境管理制度既有相似之处，也有因国情不同导致的差异。中美两国水电工程项目开发环境管理程序如图 2-1 所示。

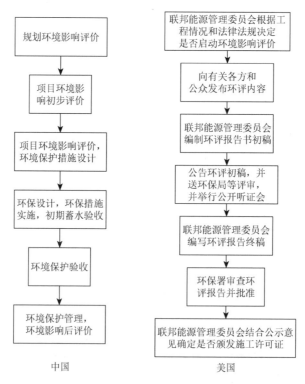

图 2-1　中美水电工程项目环境管理程序

中国对水电工程从流域规划到项目开发均执行了较为严格的环境管理制度，

为实现水电工程项目开发环境保护工作提供了保障，主要有：①在水电规划阶段，开展规划环境影响评价工作；②在可行性研究阶段，开展建设项目环境影响评价工作；③开展水土保持方案编制和环境保护设计工作。同时，水电建设期环境保护工作执行环境保护"三同时"及"竣工验收"制度。

美国水电工程项目开发实施水电许可证制度，非联邦水电站在开工建设前，必须申请联邦能源管理委员会颁布的有效许可证，具体程序如图2-1所示。某些特定类型的水电工程项目可以不受许可证发放程序的限制。美国环境影响评价的最终执法主体是法院。环境影响评价书初稿和终稿公布于联邦公报后，由环保局和拥有专业知识的部门提出评论、召开听证会让公众参与讨论，并由环保局予以审查，最后评价书和评议意见与讨论意见提交至环保署。

可见，世界水电工程项目开发中，环境保护工作的核心都是环境影响评价。

三、环境保护发展历程

针对水电工程项目开发对环境造成的负面影响，世界各国、相关学者和工作者一直致力于负面影响最小化和转负面影响为正面影响的研究与应用。水电工程项目开发距今已有百年历史，水电工程项目开发的环境保护理念也同样经历了不断探索、逐渐提升的过程，其表达方式，在流域或地域等大尺度上为规划环境影响评价，在项目小尺度上为项目环境影响评价。

（一）欧美环境保护

在世界水电工程项目开发早期，尤其在第二次世界大战前后，欧美发达国家大力开发水电资源阶段，世界各国环保理念刚刚萌芽，美国、俄罗斯等最早修建水电站的国家对水电规划及项目建设的主要考察指标也多集中在发电、防洪和灌溉等综合效益上，较少将水电站的生态环境影响作为方案论证依据。

20世纪三四十年代，美国修建了胡佛大坝、大古力大坝、沙斯塔大坝等一大批水电工程，而并未开展系统的环境影响评价工作。欧洲开发多瑙河流域水电工程后导致流域生物多样性下降，开发罗纳河流域水电工程后扰乱了西鲱属鱼类洄游条件，自此环保理念开始显现。

20世纪60～80年代，世界各国水电工程项目开发环保理念不断提升。美国1969年通过了《国家环境政策法》，成为世界上第一个用法律形式将环境影响评价制度固定下来的国家。随后瑞典（1970年）、加拿大（1973年）、德国（1976年）、法国（1976年）等国家相继建立了环境影响评价制度，从制度上将环境影响因素纳入水电工程建设决策中。

经过五十多年的发展，已有 100 多个国家建立了环境影响评价制度。环境影响评价制度要求建设项目必须进行环境影响评价，对环境可能产生的重大影响必须作论证，形成环境影响评价报告书。20 世纪 70 年代，水电工程的环境因素进入国外学者的视野，但此时的生态、社会和环境评价与工程的规划设计是互不相关的。20 世纪 80 年代末，环境影响评价作为一种制度融入水电工程项目开发中，研究结果用于指导水电工程项目的生态环境保护。20 世纪 90 年代，以美国为代表的发达国家对水电工程项目的生态环境影响评价和生态环境保护工作更加重视，水电工程项目开发进入了综合资源规划和全面质量管理的时期。美国、加拿大、挪威等发达国家水电工程项目开发程度已经较高，在环保理念上基本都要求水电工程项目开发要以生态保护为基础。此外，20 世纪 90 年代以来，一些发达国家还建立起水电工程项目开发环境友好的认证标准，对水电工程项目开发提出了更系统全面的生态环境评估体系，比较著名的有美国的低影响水电认证和瑞士的绿色水电认证等。

（二）中国环境保护

中华人民共和国成立初期至 1979 年，在技术和观念上，水电工程项目开发走在环境保护前面，水电工程项目开发环境保护工作处于萌芽阶段。由于社会经济发展水平低，环境保护工作处于起步阶段，水电工程建设、运行中重视"综合利用"效益和渔业资源保护，而未考虑将水电工程项目开发的环境影响纳入工程建设的重要论证指标体系。

随着社会进步和科学发展，环保理念随之进步。1979 年，中国颁布了《中华人民共和国环境保护法（试行）》，正式确立了环境影响评价制度，环境许可逐渐成为决定水电工程建设的重要指标，水电环境保护理念有了质的飞跃。1981 年颁发了《基本建设项目环境保护管理办法》，规定了环境影响评价的基本内容和程序。中国水利水电工程环境影响评价工作开始于 20 世纪 80 年代。1981 年还出台了《加强水电规划工作的几点意见》，要求在水电工程项目规划阶段开展环境和生态平衡影响的调查研究工作，从此水电工程项目规划编制均开展了环评工作。水电行业于 1988 年颁布了中国第一部行业项目环境影响评价技术规范——《水利水电工程环境影响评价规范（试行）》（SDJ 302—88）；1992 年颁布了中国第一部专项规划环境影响评价技术规范——《江河流域规划环境影响评价规范》；1995 年颁布了《水利水电工程环境影响医学评价技术规范》（GB/T 16124—1995）。此后，中国开始进行河流水电规划环境影响评价和水电建设项目环境影响评价工作。1995 年 12 月国家又颁布了《中华人民共和国电力法》，提出电力行业环境保护的原则及要求；1996 年，电力工业部（1998 年撤销）发布《电力工业环境保护管理办法》，水电工程的环境保护工作开始走向正轨。水电规划环境影响评价和项目环境影响评价作为保证水电行业可持续发展的有效手段之一，通过制度准则规范水电工程项目开发的无序状态，降低水电工程项目开发破坏环境的程度，达到保护环境的目的。

2002 年颁布的《中华人民共和国环境影响评价法》，把规划环评纳入法律的范畴，使水电工程项目开发环境影响评价上升到了法律的高度。2003 年，国家环境保护总局（现生态环境部）和水利部联合发布了《环境影响评价技术导则 水利水电工程》（HJ/T 88—2003），在《水利水电工程环境影响评价规范（试行）》的基础上增加了对策措施、环境监测与管理、环境保护投资概算和环境影响经济损益分析等技术内容，以及水利水电工程的生态评价、流域环境影响分析内容。2005 年 1 月，国家环境保护总局（现生态环境部）专门下发了《关于加强水电建设环境保护工作的通知》，要求在水电工程项目开发的规划、建设、运行和管理中严格执行环境影响评价制度，包括水电工程的"三通一平"，以确保水能资源的可持续利用。至此，水电行业全面开展流域水电工程项目开发规划的环境影响评价工作，先后完成了大渡河、雅砻江、澜沧江及金沙江中游、上游和下游等主要河流的规划环境影响评价或研究。

2005 年开始，水电工程项目开发对水生生物资源的影响被提上日程。2005 年12 月，为进一步规范水利水电建设项目水生生态与水环境影响评价工作，国家环境保护总局（现生态环境部）组织召开了"水电水利建设项目水环境与水生态保护技术政策研讨会"，并于 2006 年 1 月发布了《水电水利建设项目河道生态用水、低温用水和过鱼设施环境影响评价技术指南（试行）》。2010 年 12 月，环境保护部（现生态环境部）在浙江绍兴组织召开了"建设项目环境影响评价鱼类保护技术高级研讨会"，进一步统一了在水电工程项目开发的同时建设过鱼设施以加强鱼类资源保护的认识；强调水电的有序开发，上下游、干支流协调开发，为水电环境影响评价提出新的目标。2012 年，环境保护部（现生态环境部）发布了《关于进一步加强水电建设环境保护工作的通知》，要求全面落实水电工程项目开发的生态环境保护，重点论证和落实生态流量、水温恢复、鱼类保护、陆生珍稀动植物保护等措施，明确流域生态保护对策措施的设计、建设、运行以及生态调度工作要求；重视并做好移民安置的环境保护措施，落实项目业主和地方政府的相关责任。2015 年出台了《河流水电开发环境影响后评价规范》（NB/T 35059—2015），规范了河流水电工程项目开发环境影响后评价的原则、范围、内容、程序和方法。水电发展"十三五"规划中要求统筹水电工程项目开发与环境保护，加强水电工程项目开发前期研究和环境论证，切实保护流域生态，把生态文明建设放在首位。2018年国务院办公厅发布了《关于加强长江水生生物保护工作的意见》，要求涉及水生生物栖息地的规划和项目应依法开展环境影响评价，强化水生态系统整体性保护，严格控制开发强度，统筹处理好开发建设与水生生物保护的关系，同时加强水生生物保护区在建和已建项目督查，跟踪评估生态补偿措施落实情况，确保生态补偿措施到位、资源生态修复见效。

经过四十多年的发展，水电工程的环境影响评价制度已较为完备，也逐步认识了工程建设可能对流域环境造成的影响。在环境保护制度不断发展的同时，随着人们认识的程度不断深入，环境保护内容和环境影响评价内容、技术方法随着相关学科发展持续优化。环境影响评价已经贯穿于水电工程项目开发的规划、施工、运行整个过程中，在政策层面和技术层面都得到了全方位的发展，最大限度地降低水电工程项目开发对环境的不利影响，保护了人类赖以生存的自然生态环境。

第二节　环境影响经济损益分析

一、环境影响经济损益分析的定义及重要性

环境影响经济损益分析是环境影响评价的一项重要工作内容，它从整体角度衡量建设项目需要投入的环保投资，以及所带来的环境和经济效益，充分体现建设项目经济效益、社会效益与环境效益对立与统一的关系。通过分析项目经济收益水平、环保投资及其运转费用与可能取得效益间的关系，说明项目的环保综合效益状况。

随着环境污染和环境公害的产生，人们进一步认识到，环境容量，即环境对污染物的容纳能力也是一种资源，它直接关系人们的生命财产安全和社会经济建设。自然资源是有限的，即使那些在自然生态平衡状态下，森林、水、野生生物等可再生资源，人类在开发利用时一旦超出了限度，如消耗量超过了增殖量，甚至超过了自然资源自我恢复再生所容许的基本量，则可再生资源也成了有限资源，甚至可能导致过快的耗竭。长期以来，自然资源被认为是无价的，可以无偿地占有，结果导致对自然资源的掠夺性开发和浪费使用。因此，必须确定自然资源的价值，将其计入开发成本。

环境的经济价值（P）[7]包括两部分：一是自然的固有价值，即未经人类劳动参与的天然产生的价值（P_1）；二是基于人类劳动投入，即人力、物力、财力投入所产生的价值（P_2），因此，$P = P_1 + P_2$。P_1 又包括两部分：一是自然系统的固有价值在自然资源上的体现，是自然资源的间接价值（P_{1I}），如森林系统功能的间接价值有水资源保护、光合作用、气候调节、物种栖息等，这是一种非消耗性利用价值；二是自然对于人类生存的固有价值在自然资源上的体现，是自然资源的直接价值（P_{1D}），即可供人类直接利用的价值，是一种消耗性的利用价值。此外，在 P_2 中，也包含项目的直接投入（P_{2I}）和因此而造成的环境污染治理所需的间接劳动投入（P_{2D}）。所以，$P = P_{1I} + P_{1D} + P_{2I} + P_{2D}$。在传统的发展模式中，没有考虑 P_{1I}、P_{1D} 和 P_{2D}，虽然由于自然系统的复杂性和现有科学发

展水平的限制，要准确定量地给出 P_{11} 等因子是相当困难的，但不能因此而忽略它的存在。

环境影响经济损益分析内容包括环境影响经济损失分析、环境影响经济效益分析以及主要结论。环境影响经济损益分析的目的是衡量建设项目需要投入的环保投资所能达到的环保效果，包括用于控制污染所需投入的费用和控制污染后可能收到的环境与经济实效，综合评价判断建设项目的环保投资是否能够补偿或多大程度上补偿由此可能造成的环境损失。环境影响损益分析以生态经济学、环境经济学理论为基础，用货币形式表示项目对环境的有利影响和不利影响。不利的影响是环境成本，有利的影响则是环境效益。在统一量纲下，综合权衡项目建设的环境成本以及环境效益，将项目建设对环境影响的程度尽量通过货币化的形式表现出来。《中华人民共和国环境影响评价法》第三章第十七条明确规定：对建设项目环境影响进行经济损益分析。环境影响经济损益分析可为实现生态环境的源头保护以及评估项目的损害赔偿提供重要支持与判断依据。

水电工程项目作为大型的建设项目，必须进行环境影响经济损益分析。水电工程项目环境影响经济损益分析是评估水电工程项目为自然环境和社会发展目标所做贡献与影响的一种经济分析方法，它应以可持续发展为原则来研究项目的可行性和经济效益，并选择最优方案，促进人类社会可持续发展目标的顺利实现。

二、环境影响经济损益分析方法与指标体系

水电工程项目环境影响经济损益分析与单纯的经济分析方法和指标体系有所不同。经济分析有明确的效益指标和判断项目是否可行的评价标准，有具体的计算方法。而环境影响经济损益分析的内容非常广泛，通常包括生态损益、经济损益和社会损益，评价方法有定性和定量两个部分。对于环境影响经济损益分析来说，定性部分只能用文字或粗略的指标体系描述项目对环境影响的好坏和影响程度；定量部分可以列出一套明确的指标体系，计算出具体数字和比例，确定明确的评判标准。

（一）评价时间和空间

确定影响范围是环境影响经济损益分析的基础，需要确定的分析范围包括空间、时间和要素。这一工作应从评价工程的特性、工程影响地区的自然环境和社会状况出发，结合因果关系分析来进行。

空间范围的确定应当适度。水电工程对环境影响的纵向范围较易确定，一般

与水文情势发生变化的河段一致；横向影响范围则因影响因素而异，要根据具体情况界定。时间范围的确定要考虑到作用因素与环境因素的关系，对于累积性影响，要有一定的时间域，以便合理确定各种影响的经济估值。要素的确定要根据影响程度和重要性而定，对影响不大又无重要意义的要素要剔除。

（二）指标构成

《水利水电工程环境影响评价规范（试行）》要求进行环境影响经济损益简要分析，并提出评价结论。环境影响经济损失包括减免不利环境影响的环境保护投资，工程造成的资源、环境损失；环境影响经济效益包括由于工程的有利环境影响取得的社会、经济、环境效益，以及采取环境保护措施取得的效益。

（三）指标量化

1. 水电工程项目环境影响经济损益定量指标

受水利工程影响的环境因子在经济上可分为两类：一类是有市场价格，或其产出是可销售的；另一类是没有市场价格，不能销售的。两类的性质不同，所运用的估价方法也不一样。对于有市场价格的环境因子，以实际市场价格为依据直接计算或间接折算。如由水库淹没造成的建筑物、道路、通信设施等损失，可直接计算。又如水环境或生态环境变化，导致物种、价值或数量的变化，进而造成经济效益的变化，则可根据工程兴建前后的差值进行折算。对于无市场价格或不能销售的影响因子，可以采用有效性分析法、影子方案法、投标博弈法等折算成货币价值，如对水利工程占据空间、土地、环境承载能力等进行货币估值。

2. 水电工程项目环境影响经济损益定性指标

水电工程项目环境影响损益分析内容繁多，很多项目难以用经济或财务收益来表示，只能用文字进行定性描述。

（四）评价结果及内容

环境影响经济损益分析结论中要阐明下列问题：①工程对环境产生的主要有利影响和不利影响，以及工程兴建后环境总体的变化趋势；②对采取的环境保护措施提出技术、经济论证意见；③从环境保护角度，对工程的可行性提出评价结论。目前，水电工程项目环境影响经济损益分析的评价结果主要采用经济效益费用比、净收益、环境影响损益比等指标表示。

1. 效益费用比

效益费用比是指获得的净效益与总投资费用的比值。计算公式如下：

$$R = \frac{R_+ - R_-}{P + C} \tag{2-1}$$

式中，R_+、R_- 分别为环境影响的正效益和负效益；P 为工程的总投资；C 为运行费用，可以是经济计算期的折算总值。

其评价准则是：当 $R \geqslant 1.0$ 时，工程方案在经济上是合理可行的；当 $R < 1.0$ 时，在经济上是不合理的。由于防洪、治涝、水土保持等水电工程的定性影响，有时当 R 略小于 1.0 时，考虑到环境效益和社会效益，工程方案仍可成立。对于各自独立的方案，R 越大，经济效益越好。

2. 净收益

净收益是折算到基准年的总效益与总费用的差值或折算年效益与折算年费用的差值，计算公式为

$$W = (R_+ - R_-) - (P + C) \tag{2-2}$$

评价准则是：当 W 为正值时，该方案在经济上是合理可行的。

3. 环境影响损益比

环境影响损益比是指水利工程环境影响的经济正效益与负效益的比值，计算公式如下：

$$\Delta R = \frac{R_+}{R_-} \tag{2-3}$$

评价准则是：当 $\Delta R \geqslant 1.0$ 时，工程方案在环境影响经济效益上是合理的；当 $\Delta R < 1.0$ 时，是不合理的。对于各自独立的方案，ΔR 越大，经济效果越好。

三、环境影响经济损益分析步骤

根据环境保护部（现生态环境部）编制的《环境评价工程师实用手册》，将经济损益分析分为四个步骤进行，根据项目现场实际情况可将步骤进行合并操作：筛选环境影响因子和要素；量化环境影响要素；货币化环境影响要素；将货币化的环境影响价值纳入项目经济分析体系，如图 2-2 所示。

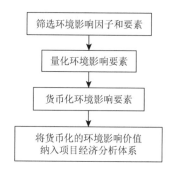

图 2-2　　环境影响经济损益分析步骤

四、环境影响经济损益分析的局限性

首先，在环境影响评价中，环境影响经济损益分析没有规范的评价导则，存在着环境影响源项难判断、经济损益分析难度较大的问题，很多环境影响要素无法量化而被忽略，导致环境影响评价报告中的环境经济损益分析普遍较为简单，仅对部分直接的、可以度量的影响进行损益分析，对环保投资（消除负面影响的投资）计算得很详细，而对工程的效益计算粗略，不能正确反映水电工程对环境系统功能的影响及其产生的经济损益，导致环境影响评价失真、经济损益分析失去价值。其次，环境影响经济损益分析主要针对建设期和运行期产生的环境影响进行评价，没有考虑材料、设备生产，运输阶段、项目规划阶段和项目退役阶段的环境影响，导致分析结果不全面。再次，环境影响经济损益分析通过对比工程投入的总费用和带来的总效益得出工程可行与否的结论，忽略了工程开发对不同主体在不同阶段产生不同的影响因素，虽然总的效益为正，并不代表从不同的主体角度出发是可行的。然后，对外部性概念的理解存在模糊性，内部和外部影响区分不严，由于计入了内部效益、内部成本与部分外部效益和外部成本，导致交叉评价、部分遗漏等现象。最后，由于工程的内部效益一般很大，很容易掩盖工程开发产生的外部影响。

水电工程是社会经济的重要组成部分，是国家的基础能源产业，其开发、建设、运行和退役涉及社会、经济、环境等多个方面，水电工程外部影响巨大。水电工程项目开发对环境的外部影响主要体现在改变陆生和水生生物多样性、产生移民的无形损失和自然资源的生态价值损失，以及改善局地气候、节约煤炭资源、减少温室气体排放、提高电网性能、刺激区域经济发展等多个方面。因此，将外部影响引入环境影响经济损益分析中，扩大环境影响经济损益分析的外延，形成一套基于外部性理论的环境损益评估技术方法，是提高当前环境影响评价工作有效性的必然途径。

在环境影响评价中，环境影响经济损益分析的内容仅是将环保投资及环境效益简单加以叙述，没有把一些潜在的、间接的社会经济影响和自然生态环境影响放在一起加以综合考虑，并对其做出客观的评价，忽略了项目的整体效益。在环境影响评价中应加强经济损益分析，将项目生命周期内产生的内部和外部的环境影响量化或货币化，不仅可以增强环境影响评价报告书的科学性、合理性，还可以使项目在设计和实施中更加完善，因此是十分必要的。

此外，在环境影响评价报告中，在详细地分析了工程项目对环境的影响之后，给出了具体的社会环境保护措施，水土流失防治方案，水环境保护措施，陆生生物保护措施，珍稀、特有鱼类及保护区影响减缓措施等保护措施，以降低项目开发带来的不利影响，相当于对这部分影响进行了内部化。但是这种内部化是不全面的，因为有一些负面影响是采取了这些措施后也不能避免的，更重要的一点是没有对正面影响采取措施内部化，使开发水电的积极性被泯灭，水电工程项目开发的经济性越来越低，不利于水电可持续发展。因此应引入外部性影响内部化的理论，把水电工程项目开发产生的正负外部性影响内部化，为水电行业的健康发展、服务价值产权市场的建立提供技术支撑。

五、环境影响经济损益分析的建议步骤

根据当前环境影响经济损益分析的步骤，结合经济学中外部性及内部化理论，建议区分外部性和内部性环境影响要素，分别进行量化和货币化，将其纳入经济分析体系，并对外部性环境影响要素进行内部化处理，消除水电工程项目对环境产生的外部性影响，使水电工程项目开发的利益得到合理的分配，充分降低项目开发带来的负面影响，具体操作步骤如图2-3所示。

（一）筛选环境经济影响因子和要素

为确保水电工程项目经济损益分析和经济费用效益分析的全面性、合理性及科学性，首先必须确定和列出一个项目生命周期内涉及的所有直接的、潜在的、内部的和外部的环境经济影响因子，并对这些影响因子进行筛选，以确定其中最重要的内部和外部环境经济影响要素。

环境经济影响因子可以为对人类社会文化环境、经济环境及自然生态环境造成影响的物理的、化学的或生物的因素，影响因子能够产生于项目生命周期的所有阶段，如材料设备生产和运输阶段、规划阶段、建设阶段、运行阶段和退役阶段等。影响因子的确定有助于相关影响要素的筛选，影响因子与项目利益相关者的投入和产出有关，这些环境经济影响因子主要包括：文化心理资本、物质资本、自然资本、人力资本、社会资本、景观、发电、供水、灌溉、航运、防灾减灾、

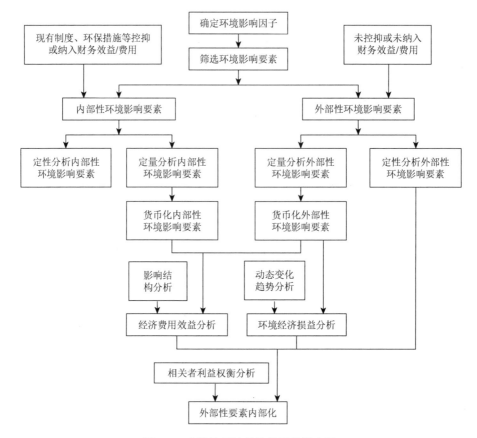

图 2-3 改进的环境经济损益分析步骤

区域经济、电网性能、水环境、地质环境、大气环境、声环境、气候资源、化石资源、土壤资源、陆生生物资源、水生生物资源等。

环境经济影响要素是从诸多环境经济影响因子中选出在损益分析和费用效益分析中最重要或起主导作用的影响因素，应把对环境经济产生明显影响的（受损或受益）、直接的、潜在的、内部的和外部的环境经济影响要素都作为项目经济费用效益分析的主要内容，而仅把外部的环境经济影响要素作为项目环境经济损益分析的主要内容，不再包括已经纳入项目财务核算和已被环境保护措施控抑的环境经济影响要素。

（二）量化环境经济影响要素

对水电工程项目开发引起的环境经济影响要素改变的经济损益和经济费用效益进行分析及定量。目前还没有完善、统一的经济价值计算方法，多数采用在成本途径的基础上评估资源环境价值的方法，如防护费用法和机会成本法，和以收益途径为基础的市场价值法和替代市场法等，以及考虑市场调查途径的条件价值评估法等。通过上述方法，把筛选出的环境经济影响要素量化为适合价值评估的环境经济影响。

（三）货币化环境经济影响要素

对量化的环境经济影响要素进行货币化的过程，是损益分析和费用效益分析中最关键的一步。具体的货币化方法要根据不同的环境经济影响因素单独考虑，如温室气体排放可以采用碳税、碳汇、碳交易等方法进行货币化，水环境污染可以采用各污染控制因子的单位排污量交易成本或处理成本来进行货币化。然后在通用的量纲下对各项效益与成本进行等值核算，直观地表现工程对环境经济的影响。

（四）将环境经济影响要素的货币化价值纳入经济损益分析和费用效益分析

把外部的环境经济影响要素的经济损失和收益纳入项目环境影响经济损益分析中，以明确项目带来多大的环境外部性收益和环境外部性损失，并分析不同阶段对不同利益主体带来的外部收益和外部损失，通过动态变化趋势分析，判断项目在采取环境保护措施后的环境可行性，评价项目实施对环境的总体影响。

把内部和外部的环境经济影响要素的费用和效益都纳入经济评价中，从大环境、全社会的角度出发，明确项目带来的总效益和产生的总费用，以及给各利益主体带来的效益和产生的费用，进行结构性分析，判断项目的经济可行性，准确客观地反映水电工程项目开发对大环境、全社会的总体贡献以及对不同相关者利益的影响。

（五）将货币化的外部性环境经济影响进行内部化处理

参考环境影响评价中对负面的环境影响采取环境保护措施的做法，建议在经济评价中增加环境外部性影响内部化的措施，探讨通过不同的内部化模式实现外部性影响内部化，最大化地发挥水电工程的效益，平衡各利益主体的利益，使利益受损者共享水电工程的效益，确保自然生态环境的恢复和保护，实现水电绿色共享发展。

　　本书主要研究水电工程项目开发带来的外部性影响,即现有政策体系、规章制度、环境保护措施、水土保持措施等没有控抑的影响,以及没有纳入项目财务效益/费用分析的影响,通过对外部性影响进行界定、量化、货币化,分析水电工程项目开发在不同阶段对不同利益主体产生的外部性影响,研究各外部性影响指标的影响对象、影响性质、影响程度和影响范围,分析外部性影响的动态变化规律,从外部性影响角度判断工程的可行性。在此基础上,针对货币化的外部性影响构建内部化的标准和模式,平衡相关者的利益,使外部性影响受益者分享外部收益,激发水电工程项目开发企业的积极性,促进利益共享、人与自然和谐发展。

第三节　外部性理论及内部化理论

　　限于人类认识事物的过程及水电和环境保护等相关学科的发展水平,水电工程项目中环境保护工作始终处于不断加深认知、纳入相关技术规定和法律等政策体系的过程,但纳入相关技术规定和政策体系的进程始终落后于新认知,如水电工程项目建设对地方经济的影响、对周围居民的影响,建成后对下游生态的影响、移民后移民生活和心理不适应问题等已被各方认识,但尚无标准规范来解决此类问题;另外,市场对于具有公共资源属性的水电工程项目开发也是无能为力的,无法实现公平的市场交易,"搭便车"的现象普遍,使受益者无偿享受水电工程项目开发收益,受损者的利益得不到较好的补偿。将经济学中的外部性引入水电工程项目环境保护中,形成环境外部性影响概念,识别并量化水电工程项目的环境外部性影响,通过有效的措施将环境外部性影响内部化,可以很好地弥补政府和市场在水电工程项目环境保护中的失灵,实现利益公平分配、资源配置优化和社会福利最大化。

一、外部性的定义

　　英国哲学家亨利·西季威克(Henry Sidgwick)在其著作《政治经济学原理》(*The Principles of Political Economy*)[8]中论述"灯塔问题"时,从服务提供者角度指出,"由于公共设施特有性质,很难向所有受益者收费",这正是外部性的体现。外部性问题具有极其丰富的内涵并存在不同外延,在外部性理论发展的过程中,经济学界对外部性的概念一直存在争议,且定义各不相同。20世纪50年代以来,经济学界对外部性的表述越来越宽泛,专家学者根据自身研究立脚点和研究对象,从产生原因、产生过程、产生结果等方面定义外部性,但其基本内涵并无本质区别。如米德、布坎南和斯塔布尔宾、诺斯、兰德尔、鲍莫尔和奥特斯、黄有光和胡石清在定义外部性时，强调在外部性涉及的经济个体相互依赖的关系下，决策的非参与性；贝特、瓦伊纳、植草益、萨缪尔森、黄渝祥、平新乔、许云霄、樊纲在定义外部性时，侧重于非市场机制是外部性产生的关键；贝特、西多夫斯基认为正是在市场没有出清的情况下外部性才会出现，而这种情形又是市场的最一般情形；诺斯、斯蒂格利茨、黄渝祥、盛洪、石声萍遵循了庇古的思想，基于成本与收益不一致界定外部性。

本书结合水电工程项目特征，将外部性定义为：在水电工程项目开发过程中，水电工程项目开发主体有意或无意给其他主体造成了环境损失或带来了环境收益，由于其他主体的参与程度不够，水电工程项目开发主体并没有提供赔偿或被索取报酬，导致成本和收益不一致的一种低效率现象。

二、外部性的分类

根据表现形式不同，可以从不同角度对外部性进行分类：正外部性和负外部性；社会文化外部性、经济外部性和自然生态外部性；生产的外部性和消费的外部性；技术外部性、货币外部性和制度外部性；稳定的外部性和不稳定的外部性；公共外部性和私人外部性；可转移的外部性和不可转移的外部性；代内外部性与代际外部性；单向的外部性和交互的外部性。本书仅对前面两种分类方式进行细述。

（一）正外部性和负外部性

按照影响效果可以把外部性分为正外部性（外部经济）和负外部性（外部不经济）。正外部性指某一经济主体的行为（生产或消费）对另一经济主体的利益和福利产生了正面影响，使后者受益，但前者并没有从货币上或交易中得到后者的报酬，其对应的是外部效益，或外部经济。负外部性就是某一经济主体的行为（生产或消费）对另一个经济主体的利益和福利产生负面影响，但对于后者的损失，前者并没有通过货币或市场交易给予补偿，其对应的是外部成本，或外部不经济。

（二）社会文化外部性、经济外部性和自然生态外部性

随着经济学发展及其与生态学、社会学等学科的融合，人们对外部性的理解逐渐加深，对外部性的分类也进一步细化。社会经济水平不断提高，各类工程建设项目呈现加速发展的势头，水利、电力、道路、机场、房地产等重大工程项目不断开工建设，为经济社会发展奠定了重要基础，同时对经济社会发展环境造成一定影响。

环境经济学者考察一些大型公共项目建设产生的环境外部性时，通常从社会、文化、经济和自然生态维度来探讨。本书借鉴环境经济学者的思路，以及环境影响评价中环境的概念，从可持续发展的角度出发，把水电工程项目开发对环境的外部性影响按影响对象分为社会文化外部性、经济外部性和自然生态外部性。

1. 社会文化外部性

社会文化外部性指某个经济主体的行为直接或间接地影响了其他经济主体的社会文化环境，但这些影响和制约没有计入市场交易的成本和价格，即行为主体没有对被影响的对象进行赔偿或没有从行为的受益对象处获得补偿。例如，中华文明作为人类四大古文明之中唯一没有中断的文明，社会文化资源十分丰富，但在房地产开发、旅游开发和水电资源开发过程中对风景名胜、文物古迹等宝贵资源造成破坏而无法恢复，开发商并没有对这种非物质文明进行补偿或补偿的力度不够，产生了负外部性。另外，水利、电力等工程建设造成了大量的非自愿人口迁移，这一行为对被影响或被搬迁居民的福利产生了影响，而这种效应并未在货币补偿或市场交易中完全反映出来，工程建设和项目开发这一经济行为将部分成本转嫁于被影响或被搬迁居民和地方政府等之上，项目开发的受益者或投资者却未为此付出代价，产生负外部性。社会文化环境负外部性可能引发人民群众的不满情绪，甚至导致社会矛盾、社会冲突，对国家安定团结和社会稳定造成影响。

2. 经济外部性

经济外部性是指某个经济主体的行为直接或间接地影响了其他经济主体的经济环境，但这些影响和制约没有计入市场交易的成本和价格，即该经济主体不会因此得到补偿或付出代价，就形成了经济外部性。例如，飞机场的噪声使得附近牙医的顾客减少，牙医收入因此降低；再如水电资源开发促进所在流域城市化建设以及相关商业、金融业和服务业的发展，提供大量的就业机会，增加税收，给当地带来间接的经济效益，这些正面或负面的经济影响并没有通过市场交易得到体现，都属于经济外部性的范畴。

3. 自然生态外部性

自然生态外部性指某个经济主体的行为直接或间接影响了其他经济主体的自然生态环境，但这些影响和制约没有计入市场交易的成本和价格，就形成了自然生态环境外部性，自然生态外部性同样有正、负之分。随着经济发展和人们收入水平提高、环境容量缩小、环境质量下降，人们认识到原以为无限供给的自然生态环境资源逐渐稀缺，自然环境资本或生态资本概念越来越被大家接受。例如，在云南和贵州开发西电东送项目，造成发电地区环境质量降低[19]，这部分环境价值并没有体现在电价当中，就形成了自然生态负外部性。又如河流上游居民种树保持水土，下游居民用水得到保障，上游居民对于下游居民形成了自然生态正外部性影响；如果河流上游乱砍滥伐，造成洪水泛滥和水土流失，对下游种植、灌溉、运输和工业生产等产生不良影响，对受影响主体就形成了自然生态负外部性影响。

三、外部性及内部化理论的发展历程

外部性问题伴随人类社会经济发展出现，是人类社会经济发展到一定阶段的产物。外部性影响的存在，使市场中的资源配置不能达到帕累托最优，从而使经济活动参与者总的福利受到损失。把外部性影响内部化是解决外部性问题的一个有效途径，外部性影响内部化是指把经济活动行为方产生的外部成本/效益通过一些方法来内部消化，而不是把外部成本转移给其他经济主体或其他经济主体无偿享受外部效益，这在一定程度上能弥补私人成本与社会成本、私人效益与社会效益的差额。许多经济学家对外部性理论的发展作出了重要贡献，马歇尔、庇古、科斯和布坎南四位经济学家达到了里程碑意义的高度。

（一）马歇尔的"外部经济"理论

马歇尔是英国"剑桥学派"的创始人、新古典经济学派的代表。马歇尔并没有明确提出"外部性"这一概念，但"外部性"概念源于马歇尔 1890 年发表的《经济学原理》中提出的"外部经济"概念。马歇尔用"内部经济"和"外部经济"这一对概念，说明第四类生产要素——"工业组织"的变化如何导致产量增加。实际上，马歇尔提到的"内部经济"是指因企业内分工引起的效率提高，"外部经济"指因企业间分工导致的效率提高。马歇尔并没有提出"内部不经济"和"外部不经济"概念，但从其逻辑上可以推出"内部不经济"和"外部不经济"的概念及含义。

（二）庇古的"庇古税"理论

庇古是马歇尔的嫡传弟子，他首次用现代经济学方法从福利经济学角度系统地研究外部性问题，在马歇尔提出的"外部经济"概念基础上扩充了"外部不经济"的概念和内容，将外部性问题的研究从外部因素对企业的影响效果转向企业或居民对其他企业或居民的影响效果。

庇古通过分析边际私人净产值与边际社会净产值的背离来阐释外部性，认为外部性实际上就是边际私人成本与边际社会成本、边际私人收益与边际社会收益的不一致。在没有外部效应时，边际私人成本就是生产或消费一件物品所引起的全部成本。当存在负外部效应时，例如某一厂商引起环境污染，导致另一厂商为了维持原有产量，必须增加诸如安装治污设施等所需的成本支出，从而产生外部成本。边际私人成本与边际外部成本之和就是边际社会成本。当存在正外部效应时，企业决策产生的收益并不由本企业完全占有，还存在外部收益。边际私人收益与边际外部收益之和就是边际社会收益。

在边际私人收益与边际社会收益、边际私人成本与边际社会成本相背离的情况下，依靠自由竞争不可能达到社会福利最大化，应由政府采取适当经济政策消除背离。政府应采取的经济政策是对边际私人成本小于边际社会成本的部门实施征税，即存在外部不经济效应时，向企业征税；对边际私人收益小于边际社会收益的部门实行奖励和补贴，即存在外部经济效应时，给企业以补贴。通过这种征税和补贴（庇古税），就可以实现外部效应的内部化。

"庇古税"理论在涉及负外部性问题的经济活动中得到了广泛应用，如在基础设施建设领域采用的"谁受益，谁投资"的政策，在环境保护领域采用的"谁污染，谁治理"的政策，都是"庇古税"理论的具体应用。当前，已经成为世界各国环境保护重要经济手段的排污收费制度，其理论基础也是"庇古税"。

以引水式水电工程项目开发为例，说明"庇古税"消除外部性的过程，如图2-4所示。图中横轴表示发电量，纵轴表示电价。

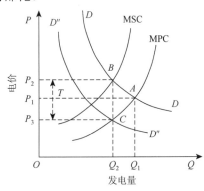

图2-4　"庇古税"理论的应用

由于外部成本的存在，水电企业的总成本大于生产成本，边际生产成本（marginal production cost，MPC）曲线在边际社会成本（marginal social cost，MSC）曲线之下。如果水电企业以边际生产成本（MPC）为依据来决定发电量和电价，想使利润最大化，必须使需求曲线 $DD = $ MPC，此时的需求量为 Q_1，价格为 P_1；如果水电企业以边际社会成本（MSC）为依据来决定发电量与电价时，这时的需求量为 Q_2，价格为 P_2，显然 $P_2 > P_1$，$Q_2 < Q_1$。为了避免水电企业的电价比实际应该的价格低而产生需求量增加，导致下泄生态基流减少、生态环境恶化，水电企业额外获利，决定向水电企业征收税费 T。此时需求曲线从 DD 下降到 $D''D''$，与曲线 MPC 相交在 C 点，发电量为 Q_2，在同等利润率条件下的电力上网价格应为 P_3，但结算价格仅按 P_2 执行，存在着关系 $P_3 = P_2 - T$。当电力以 P_3 价格销售，发电企业按 P_2 结算后，存在着一个差价 T，可作为税收收取，用以生态补偿。通过"庇古税"的收取，可以让发电企业的边际私人成本中包括水电工程项目对环境的负外部性成本，即将社会消除负外部性影响的成本摊给发电企业，以此来实现环境与发电效益的统一[9]。同样，为了鼓励发电企业增加水电工程项目

对自然生态环境的正外部性影响，政府可以对发电企业进行补偿，补偿值等于自然生态环境收益与水电企业收益的差额，即"庇古补贴"。

用"庇古税"解决外部性问题虽然在理论上是完美的，但在实际执行中却非常困难。第一，"庇古税"理论的前提是存在所谓的"社会福利函数"，政府是公共利益的天然代表者，并能自觉按公共利益对产生外部性的经济活动进行干预。然而，事实上，公共决策存在很大的局限性，而且，在执行过程中还可能出现寻租活动，导致资源的浪费和资源配置的扭曲。第二，"庇古税"运用的前提是政府必须了解引起外部性和受其影响的所有个人的边际成本或收益，拥有帕累托最优资源配置相关的所有信息。但是，现实中政府不可能拥有足够多的信息。第三，政府干预本身也要花费成本。如果政府干预的成本支出大于外部性所造成的损失，从经济效率角度看消除外部性就不值得了[10]。

（三）科斯的"科斯定理"

科斯是新制度经济学的奠基人，他发现和澄清了交易费用和财产权对经济制度结构和运行的意义，荣获 1991 年诺贝尔经济学奖。科斯定理在批判"庇古税"理论的过程中形成。科斯对"庇古税"理论的批判主要集中在三个方面：第一，外部效应往往不是一方侵害另一方的单向问题，而是具有相互性。例如，化工厂与居民区之间的环境纠纷，在没有明确化工厂是否具有污染排放权的情况下，一旦化工厂排放废水就对它征收污染税，这是不严肃的事情。因为，也许建化工厂在前，建居民区在后，在这种情况下，化工厂拥有污染排放权。要限制化工厂排放废水，也许不是政府向化工厂征税，而是居民区向化工厂"赎买"。第二，在交易费用为零时，"庇古税"没有必要。因为这时，通过双方自愿协商，可以产生资源配置最佳化结果。产权明确界定的情况下，自愿协商可以达到最优污染水平，可以实现"庇古税"同样的效果，无须政府介入。第三，在交易费用不为零时，解决外部效应的内部化问题要通过各种政策手段的成本-收益权衡比较才能确定。也就是说，"庇古税"可能是有效的制度，也可能是低效的制度。

上述批判构成科斯定理：如果交易费用为零，无论权利如何界定，都可以通过市场交易和自愿协商达到资源的最优配置；如果交易费用不为零，制度安排与选择则非常重要。这就是说，解决外部性问题可能可以用市场交易形式即自愿协商来替代"庇古税"手段。

相对于"庇古税"，科斯定理的优点是政府不需要花费成本去了解外部性信息，也不需要去做一些原本属于市场本身应做的事，这就减小了扭曲市场的风险。科斯定理的核心就是市场机制可完全解决利益双方的资源优化、行为优化问题，市场行为可降低负外部性对利益相关者的影响。因此对于一些不宜由公权力出面解决，最好在市场机制的作用下，利益双方协议解决的外部性问题，科斯定理发挥着不可替代的作用。科斯定理从侧面为生态补偿的运行模式提供了一个思路，即采用市场交易的补偿方式，政府不一定要用干预的方法来试图消除社会收益或成本与私人收益或成本之间的差异，政府只需界定明晰产权并保护产权，而随后产生的市场交易就能达到帕累托最优，即政府的干预并不是必要的，外部性问题可以通过重新分配产权得到解决，而且法定权利的最初配置状态对于资源配置效率是无关紧要的。

随着 20 世纪 70 年代环境问题日益加剧，市场经济国家开始积极探索实现外部性影响内部化的具体途径，科斯定理随之被投入实际应用。环境保护领域排污权交易制度就是科斯定理的具体运用。环境污染问题是很多经济学教科书及相关论文经常拿来用以研究外部性问题的经典案例，本书也采用环境污染问题来说明用科斯定理消除外部性的过程[11]。企业在生产过程中由于排污，导致边际外部性成本（marginal external cost，MEC）随着产量的增加而增加，在需求量不变的情况下，边际私人净效益（marginal net private benefits，MNPB）随着产量的增加而减小，如图 2-5 所示，横轴表示产量，纵轴表示成本和收益。

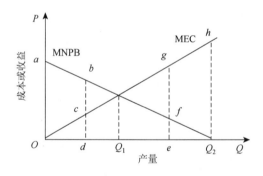

图 2-5 科斯定理的应用

首先假设污染的受害者拥有产权，这时受害者有权不被污染，而排污企业没有权利排污。受害者希望完全没有污染，企业产量的谈判起点为原点。当谈判到产量为 d 点时，排污企业可以得到 $Oabd$ 的净收益，而受害者将付出 Ocd 的成本。此时排污企业可以向受害者支付大于 Ocd、小于 $Oabd$ 的费用，以补偿受害者的损失，排污企业和受害者都会受益。产量从 O 开始增加到 Q_1 的过程是帕累托改进的过程。如果产量继续增加，排污企业的收益小于受害者的损失，排污企业没有能力继续向受害者提供补偿。因此，当污染受害者拥有产权时，污染企业产量从原点开始增加，在 Q_1 处达到平衡。

如果排污企业拥有产权，则排污企业拥有生产产品、污染环境的权利，谈判

的起点为 Q_2。经过谈判后，产量可能向 e 点移动，此时受害者损失的减少大于排污企业收益的减少，受害者可以向排污企业支付小于 $eghQ_2$、大于 efQ_2 的补偿，使排污企业减少生产量和排污量。企业产量从 Q_2 向左移动到 Q_1 的过程也是帕累托改进的过程，最终将在 Q_1 处达到平衡。因此，如果只是考虑资源的最优配置的话，将产权赋予交易的任何一方都没有什么差异，只要产权明晰界定并受到法律的有效保护，双方之间的谈判和交易就会带来资源的最有效利用。

再以水电工程项目开发为例，水电企业与周边环境内的利益相关者和上述的排污企业与受害者类似，会形成相互影响，即达成协议需要其中一方支付另一方损失补偿。在这种情况下，就不能仅靠政府的公共权力解决问题，需要市场机制来保证，使负外部性在资源合理配置的前提下降到双方可接受的范围内[12]。科斯定理的核心就是市场机制可完全解决利益双方的资源优化、行为优化问题，市场行为可降低负外部性对利益相关者的影响。

但是，科斯理论也存在局限性。第一，在市场化程度不高的经济体中，科斯定理不能发挥作用。特别是发展中国家，在市场化改革过程中，有的还留有明显的计划经济痕迹，有的还处于过渡经济状态，与真正的市场经济相比差距较大。例如，在上海市苏州河的治理过程中，美国专家不断推销他们的污染权交易制度，但试行下来效果不佳。第二，自愿协商方式需要考虑交易费用问题。自愿协商是否可行，取决于交易费用，如果交易费用高于社会净收益，那么自愿协商就失去了意义。在一个法制不健全、缺乏信用的经济社会，交易费用必然十分庞大，这就大大限制了这种手段应用的可能，使得它不具备普遍的现实适用性。第三，自愿协商成为可能的前提是产权是明确界定的。而事实上，像环境资源这样的公共物品产权往往难以界定或者界定成本很高，从而使得自愿协商失去前提[10]。

（四）外部性的一体化方式

由于科斯定理在解决外部性问题时的种种现实羁绊，经济学者提出把正负外部性合并使其"一体化"来解决外部性问题。很多经济学书籍在讲解外部性影响内部化的方法时都会提到"一体化"这一策略。这一方法促使外部性的制造者将造成的外部性影响内部化，从而使私人成本与社会成本相同。Davis 和 Whinston[13]对外部性影响内部化做出了如下论述：如果企业 A 只对企业 B 产生外部性影响，则由企业 A 和企业 B 合并后形成的企业在选择其最优行为时就会考虑该外部性影响，因而不会产生无效率状况。

外部性的一体化就是在经济活动中把外部性的行为方与被影响方结合起来组成一个新企业。这种方式使经济活动中的外部性影响内部化，省去了外部性经济活动中行为方与被影响方的交易环节，这使那些因市场交易费用过高，靠市场机制不能解决的外部性问题有了解决的途径。但是我们也要清楚，一体化虽然省去了市场交易成本，却仍是有组织成本的，只有在一体化的组织成本低于市场交易成本时，这种方式才会被采用。

（五）外部性影响内部化的法律手段

对于一个有着健全法制的社会来说，法律手段是解决外部性问题的基本常规办法之一。美国经济学家约瑟夫·斯蒂格利茨[14]说："运用法律系统解决外部效应有一个很大的优点。在这个系统下，受害者有直接的利益，承担着执行法律的责任，而不是依靠政府来确保不发生外部效应。很明显，这个系统更有效，因为可以使受害者比政府更愿意弄清有害事件是否发生。"约瑟夫·斯蒂格利茨认为，建立一套严格意义的稳定不变的产权关系是建立有效解决外部性问题的法律系统的基础。公共资源之所以易受外部性的侵害，不能用法律系统来解决，其主要原因就在于没有清晰的产权。通过立法来定义产权以解决和处理现代社会产生的各类外部性问题有两个优点：一是不受利益集团压力的影响，二是可以通过审判过程使产权问题得到恰当的阐述。

但是用法律手段解决外部性问题会有如下几个方面的限制。第一，诉讼的交易成本大，因此对于一些损失较小的外部性影响没有必要使用法律手段，并且运用行政措施和经济措施在处理外部性影响时，其交易成本主要由公共部门来负担，而在法律系统中由私人承担。第二，由于诉讼交易成本很大，厂商会把外部性影响削弱到接近但稍小于受损者诉讼的成本，这将会产生一定的效率损失。第三，鉴于法律的特殊性，诉讼的结果具有较大的不确定性，如果诉讼成本很高，受损者就不太情愿运用法律手段来解决外部性问题。第四，在存在较多外部性受损者的情况下，容易出现"搭便车"的情况，这样人人想着坐享其成，就会使诉讼很难[15]。因此，尽管法律手段具有能够促使受损害者自发维权的优势，但是诉讼成本却往往会成为其发挥效用的障碍。

（六）外部性的诺斯制度安排

新经济学派代表人物诺斯认为，制度本身可以内部化外部性问题，如果一个经济组织具有效率，那么它就具备使个人收益率不断接近社会收益率的能力，同时他也强调有关市场完善和生产力不断提升的历史，也是一个外部性被内部化的过程。可以理解为外部性的交易基于完备的市场经济制度变得更加容易，这时单由市场就能化解外部性问题。与此同时，由于市场制度的完善，政府的效能也随之提升，出于处理外部性问题的需要，会逐渐形成公共政策，这也减小了原有外部性的危害。把以上市场和政府的作用联合起来，就能够更有效地解决外部性问题，其中一部分外部性问题由市场固有的机制自行解决，另一部分外部性问题可被纳入越来越精细的公共领域管理之中。以上所说的市场机制和政府管理就是解决外部性问题的诺斯制度安排[16, 17]。

（七）斯蒂格利茨的"信息不对称"理论

传统的经济学认为：在自由的、不受管制的市场中，个人追求各自的利益会使整个社会的福利最大化。经济学家约瑟夫·斯蒂格利茨认为，现实世界并不是那么回事，他提出在现实世界中由于市场参与者得不到充分的信息，市场的功能是不完善的，将对人们的利益造成损害，产生外部性影响，因此政府对市场的干预是保证市场正常运行的关键[18]。

从外部性理论及外部性影响内部化理论的发展历程可以得知，市场的缺陷导致外部性问题的产生，而政府的缺陷可能导致市场的扭曲，仅靠政府或市场是不能有效解决外部性问题的，必须充分发挥两者的优势，通过政府巧妙地干预保证市场的正常运作，实现资源配置的帕累托最优。

四、外部性及内部化理论的应用

环境外部性是典型的外部性问题（本书所指环境是继承和发展环境影响评价的定义范畴，既包括社会经济环境要素，又包括自然生态环境要素）。自有人类起，人类需要的食物、空气、水都取自周围的环境，这些"原料"在人体内发生化学反应，变成二氧化碳和其他废物后又排入周围环境中。严格来说，这些都构成了对自然环境的"污染"，但这并不构成环境外部性问题，环境外部性问题和工业化进程密切相关。工业革命之前，尽管人类对环境有污染或破坏，但人类生产力水平低下，环境外部性问题并不突出。工业革命极大提高了人类改造自然的能力，同时也极大提高了人类破坏自然环境的能力，以至于超过了环境资源再生的能力，造成自然环境恶化，产生环境外部性问题，如造就伦敦"雾都"称号的空气污染、南极臭氧空洞、赤潮、雾霾、物种消失等都是人类污染超过了环境的再生能力而导致的环境外部性问题。

20 世纪 70 年代以来，人们讨论环境方面外部性问题时，必然提到环境污染，从而使外部性约等于负外部性，也就是环境外部性，例如工厂排放的污水造成江河污染，生态破坏；使用农药对蔬菜、水果造成污染并间接对人体健康造成伤害等。现在，基于对可持续发展理论的认识，环境外部性问题也受到越来越多的关注。

按照微观经济学的观点，外部性、公共物品、信息不对称和垄断是导致市场失灵的四个因素。而外部性的发生往往以公共物品的存在为前提，早期关于外部性的一些经典案例，例如"灯塔问题""公地悲剧"等都有公共物品的存在。如果把外部性涉及的问题扩展到社会层面，那么外部性影响内部化刚好就是解决公共难题的途径。在外部性理论发展的一百多年里，一些方法被用于解决涉及公共利益的社会问题和自然环境问题，并取得了一定成效，涉及领域包括交通运输、流域开发、能源（核电、火电、风电、水电）、资源（森林、草地、耕地、矿产）、区域经济、环境保护等。下面对环境外部性理论在国内外的具体实践运用进行简要梳理。

（一）国际实践经验

环境外部性理论在交通运输行业的应用起步较早，研究也比较成熟。国外学者维尔纳·罗森加特（Werner Rothengatter）对交通运输的环境外部性进行了系统研究，把交通运输的外部成本分为三个层次：一是运输与环境、人力资本等非再生资源相互作用产生的外部性，如环境污染、交通事故等；二是运输系统内部的相互作用而产生的外部性，如交通拥挤等；三是运输与政府、私人生产者和消费者相互作用而产生的外部性，如政府对运输业的价格管制，要求其以低价提供服务，使用户得到额外收益[20]。在外部成本评估方面，Calthrop 和 Proost[21]研究了包括拥挤成本、交通事故成本和环境成本在内的交通外部成本定量评估模型；Verhoef 和 Rouwendal[22]指出了传统交通拥挤成本模型的不足，从交通拥挤中出行者行为分析的角度，以车流速度和密度为变量研究拥挤成本、事故成本和燃油成本。关于交通运输外部成本内部化在各国使用较多的方法有排污收费、产品收费、车辆里程税、汽油和柴油税、道路堵塞税等。

在流域开发活动中，环境外部性问题比比皆是，最典型的是自由条件下排放污染。目前较有代表性的开发模式中，美国的田纳西河模式是一种政企合一的流域开发模式。美国国会通过法案授予田纳西河流域管理局联邦一级机构的权力，使之成为"一个拥有政府机关权力，同时又具有私营企业的灵活性和运动性的机构"。流域开发所需资金由国家预算支出和发行公债。正因为国家政策支持和扶持，田纳西河流域开发事业才不断发展壮大，地区经济得到极大发展，田纳西河流域从过去的最贫困地区变成现在的富裕地区。日本的琵琶湖流域采用直接补偿的方式弥补上游地区做出的正外部性贡献，具体方式有直接支付补偿资金，或采取项目支持的方式，对上游地区的社会经济发展和基础设施建设项目直接进行投资、补助支持等，同样对保护流域生态也起到了较好的作用。这些成功的案例对中国的流域开发治理具有十分重要的借鉴意义。

为了解决环境外部性问题，把环境外部性问题内部化，很多国家都采取立法的措施。环境资源法中的污染者付费原则明确了污染环境者治理或清理被污染环境的责任。在西方工业发达国家，建立各种环境基金或基金会是一项重要的经济措施。通过环境资源立法、建立环境基金来处理环境问题也成为一些发展中国家的普遍做法。

美国环境法是成功采用经济政策和经济手段的环境法。美国早在1976年就开始实行可交易的排污许可证制度，美国法律中的排污交易政策包括银行政策、泡泡政策、补偿政策、容量结余和排放信用。泡泡政策是把一个工厂或一个地区当作一个泡泡，只要这个泡泡向外界排出的污染物的总量符合政府按照环境质量标准计算出来的排污量，并保持不变，且不危害周围的环境质量，则允许泡泡内各种排污源自行调剂，即可以用一种污染物的减少来抵消另一种污染物的增加。泡泡政策最大的意义在于，它是"污染物排放总量控制政策"的原始雏形。从整个电力市场来看，化石能源发电、水力发电以及近年来兴起的风力发电、太阳能发电等都可以看作一个泡泡群，发电指标及上网电价与温室气体排放挂钩，可提高电力结构的环境适应性，降低负外部性。

瑞典环境资源法中的经济手段主要包括：环境税费和押金。押金是一个重要的环境保护经济手段，主要用于促进废物回收利用。所谓押金制度，是指通过强制性措施，使消费者在玻璃或塑料等容器上存款或押金，以促使消费者退回或循环使用这些容器或包装物，这个制度适用于解决消费者造成的外部性。

（二）国内实践进程

相比于西方国家，环境外部性理论在中国的应用起步较晚。1978年中国提出排污收费制度，1979年颁布的《中华人民共和国环境保护法（试行）》以法律的形式肯定了这项制度。经过几十年的发展，排污收费制度已经成为一项比较成熟、行之有效的环境管理制度。中国自1987年开始进行水污染物排放许可证的试点，1991年进行大气污染物排放许可证的试点，1993年开始在6个城市进行大气排污交易政策的试点工作，排污许可证在中国的试行取得了一定的成效。

中国为了控制交通运输的负外部性，依照国外的经验征收燃油费和拥堵费，实施这些政策最明显的效果就是减少了大气污染和交通事故。同时，政府对提供正外部性的交通产品（如地铁、新能源交通工具）给予补贴，有效地增加了对社会有益产品的供给。在造纸厂、化工厂等的污染处理问题上，政府干预是重要手段。但在中国，排污治污标准固定统一，普遍采用的"庇古税"费率或税率一般固定，经常低于治理污染的边际成本，且对所有厂商的标准又一样，造成厂商间的不公平、治污效果不好，常常使政府政策失灵。在流域治理方面，目前中国主要采用直接补偿和间接补偿的方式，来解决产生的外部性问题。直接补偿机制包含赔偿和补偿两个方面：赔偿是由上游地区对下游地区污染超标造成损失的赔偿；补偿是下游地区对上游地区输送优于标准水质的补偿，这一机制的目的是建立公平合理的激励机制，使整个流域能够发挥出整体的最佳效益，如东阳市和义乌市的水权交易就是典型案例。间接补偿是指由国家实行统一的生态环境补偿税/费政策，统一征收，再将征收资金重点用于支持上游地区和生态保护的重点地区，还可以是国家采取财政转移支付的方式支持上游地区的生态保护和污染治理，如2002 年启动的京津水源保护工程，国家投入近 40 亿元保护京津水源，以确保京津生产生活用水的数量和质量。

环境外部性理论已经被广泛地应用于解决现实生活中的一些实际问题。随着中国经济发展进入新常态，以及经济、政治、文化、社会、生态文明建设"五位一体"战略布局的提出，中国将投入更多的人力、物力来保护生态环境，这势必会促使环境外部性理论更多、更具体地运用到实践中去。

（三）环境外部性理论在水电行业的应用

外部性理论已经在水电行业得到了一定的应用[23]，主要用于研究水电工程项目开发对移民、区域经济和自然生态环境产生的外部性影响[24-26]，以及外部性影响的度量和内部化方面。

1. 移民安置方面

移民问题是大型水电工程项目开发派生出的典型问题之一。土地的缺失、失业、边缘化、粮食短缺、公共设施缺乏、身体健康状况恶化、社会文化脱节等是非自愿移民陷入贫困的主要原因[27]。生产和生活方式的改变、社会组织结构的解体、文化和信仰的冲突使移民在搬迁安置过程中问题层出不穷[28]。社会政策缺失、补偿标准偏低更是雪上加霜，使工程移民难度增大、移民稳定得不到保障[29]。国内外学者对移民问题进行了大量研究，给出了移民有形损失和无形损失[30-32]的计算方法，并提出了移民补偿的理论[33]、政策[34]和标准[35, 36]，虽然没有提及外部性理论，但研究内容却是补偿不足产生的典型外部性问题。

有些学者已经把外部性理论应用到水电移民问题中。段跃芳提出合理的移民补偿对实现非自愿移民向自愿移民转变的作用，分析了现有水库移民淹没损失评估的不足，指出政府对水电工程外部性校正方式对移民补偿的影响，提出了移民分享工程效益的补偿方式，并借鉴国际经验对中国的移民补偿政策提出建议[37]。

陈红芬研究了水库移民成本的构成，识别出已经计入和没有计入移民成本的部分，并对水库移民的外部成本进行了定量计算[38]。樊启祥明确了水电工程项目的主要利益相关者——政府、移民和开发企业，基于资源要素价值和地租理论构建了水电工程项目开发的利益共享模型[39]。Shrestha 等对尼泊尔水电共享发展机制进行了系统的研究，从就业、培训、政策、电气化、灌溉、用水、基础设施等方面深入研究了居民共享水电效益的机制[40]。

国内外学者对移民贫困的原因进行了深入的研究，并提出了移民补偿的方法，但从外部性理论的视角对移民安置的研究较少，主要集中在移民成本的核算及移民利益共享方面，忽略了水电工程项目开发对移民，特别是山区低收入移民生活条件改善、文化素质提高等方面产生的正面影响。

2. 区域经济方面

水电工程项目，特别是大型水电工程项目的开发建设对当地以及相关地区社会经济发展具有明显的促进作用[41]。水电工程项目是区域性多目标的水资源开发项目，具有投资巨大、产业关联度大、人力密集、技术密集、投资时间长等特点，是国民经济发展的基础设施，不仅可以发挥发电、防洪、灌溉、航运、供水等方面的综合效益，还可以促进当地和相关地区经济总量的增长[42]，增加中央和地方的财政税收[43]，改善当地就业状况[44]，加快当地城镇化建设，推动当地产业结构和经济结构调整[45]，同时还可以促进建设企业、发电企业和其他相关企业的发展[46]，提高职工的收入[47]。但是也有学者发现，水电工程建设率提高将降低人均 GDP、增加外债，而且提高水力发电率还可能加大贫富差距[26]。

国内外学者从理论上定性分析了水电工程项目开发对区域经济的作用路径和机制[48-50]，并采用投入产出模型[51-53]、乘数效应理论[54, 55]等方法对包含水电站在内的大型建设项目的经济影响进行研究分析[56]。关于水电工程项目对区域经济的影响研究主要集中在工程施工期和投资项目所在地区，而对运行期以及项目产品销售地区的区域经济影响研究较少，没有全面体现水电工程项目对区域经济的外部性影响。

3. 自然生态环境方面

水电工程项目开发对全球的水环境、大气环境、声环境、土壤环境、地质环境、生态环境等产生影响[57]，在开发过程中开发主体和政府采取了一系列的环保措施来降低这种影响[58]，但是还有一些潜在的影响在潜移默化地改变着自然生态环境，随着环保意识的提高、科学技术的进步，人们逐渐认识到这些影响带来的一系列问题，如上淤下切[59, 60]、TDG 过饱和[61, 62]、温室气体排放[63-65]、生物多样性下降[66-68]、水量消耗[69-71]、甲基汞生物蓄积[72]等，并给出了降低这些负面影响的措施。人们对这些负面影响的认知和消解，在一定程度上可以看作是负外部性影响逐渐被识别和内部化的过程。

很多学者计算了自然生态系统提供的服务功能的价值[73, 74]，包括直接使用功能、生态支持功能、生态调节功能、科教娱乐功能等，为度量水电工程项目开发对自然生态环境的外部性影响奠定了基础。Bellver-Domingo 等从水资源开发的角度研究了生态系统服务付费制度在环境外部性问题内部化方面的作用[75]。还有一些学者以外部性理论为基础，研究水电工程开发对自然生态环境产生的外部性影响，并用生态补偿的机制对这些外部性影响进行内部化处理。如李世涌等从生物要素和非生物要素两个方面详细分析了水电工程项目开发的生态负外部性问题，并提出了建立生态补偿机制、人工培育生态系统等控制对策[76]；鲁传一等测算了水能资源开发对河流生态系统提供的 16 种服务功能，并探讨了生态补偿标准的原则和类型[77]；Yu 和 Xu 对水电工程项目开发的生态补偿机制进行了补充和完善，并提出了梯级水电工程项目开发的生态补偿模式[78]。

国内外学者对水电工程项目开发产生的自然生态环境外部性影响的研究是一个不断发现、逐渐解决问题的过程，主要强调负面影响的解决办法，而对水电工程项目开发对自然生态环境产生的正外部性影响研究不够充分，也没有提出相应的内部化措施。

4. 外部性影响度量方面

1）直接度量

Sundqvist 用选择实验法预测了瑞典水电工程项目开发对水位、植被和鱼类产生的负外部性影响[79]。张畅和强茂山分析了水电资源开发的主要利益相关者（政府、居民、项目开发企业、环境代表）及其相应的投入要素，并在此基础上构建了水电工程项目开发全成本测算要素体系[80]。Tajziehchi 等计算了伊朗北部阿尔博兹大坝产生的环境负外部性影响，得出该电站每年产生 480 万美元的负外部性影响，其中影响最大的是农业产量损失 163 美元/（MW·h），最小的是生命损失 0.1 美元/（MW·h）[81]。Zheng 等研究了水电工程项目开发的外部性影响，识别出九个外部性要素，并研究了各要素的定量测算方法[82]。为了平衡水力发电量与下游生态栖息地保护和休闲娱乐功能的关系，Jones 等采用条件价值法研究了美国家庭对保证水电发电量以减少温室气体排放的支付意愿，得出美国家庭每年愿意额外支付 3.66 美元的税收以减少温室气体的排放[83]。

2）间接度量

肖建红计算了三峡工程的调蓄洪水和水力发电的生态供给足迹以及泥沙淤积和水库淹没的生态需求足迹[84]。Mekonnen 和 Hoekstra 用蓝水足迹法计算了水力发电的耗水量[69]。庞博慧在水利枢纽工程能值评价中增加了温室气体排放对环境的影响，用碳足迹法评价了水利枢纽的能耗情况和生态效应[85]。Zhang 等把水电工程的外部性分为三大类：土建工程的外部性、水库蓄水的外部性和累积影响的外部性，并把这些外部性转化为碳排放，用碳足迹法对水电工程进行评估[86]。Sheldon 等分析了水电工程项目全生命周期内二氧化碳排放、耗水量及土地占用的外部性，并转化为能量值，计算了考虑外部性因素后能量输出与输入的比值，发现蓄水型水电站的比值从 23.92 降为 3.52，河床径流式电站的比值从 43.93 降为 41.6[87]。

国内外学者对外部性影响度量的研究主要集中在负外部性影响方面，直接度量外部成本，或转换为碳排放或能值后进行分析，但度量后缺少外部成本内部化的研究，而且对正外部性影响的度量和内部化的研究较少。

5. 外部性影响内部化方面

外部性影响内部化的方式很多，主要分为政府主导的税收政策和市场主导的交易模式，国内外学者从不同的角度研究了水电环境外部性影响的内部化方式。为了保证水电可持续发展，Klimpt 等指出，必须正确认识水电的正外部性影响，如能源服务的多功能性、区域性和防洪等，并提出政府在其中应扮演关键的角色，指出政府要在有效保护环境和受影响群体利益的同时制定不偏向任何发电部门的政策[88]。叶舟提出，水电工程项目开发外部性的直接后果为技术制度创新和租金耗散，总结了内部化的途径，并建立了外部性的补偿模式[89]。刘建平从经济学视角出发，深入剖析了水电资源开发的内部性和外部性问题，并提出了市场和非市场的外部性消解方式[90]。Branche 构建了一个"共享"的理念，在利益相关者之间实现愿景共享、资源共享、责任共享、权利和风险共享，以及成本和收益共享，以最大化实现水电工程项目的发电、供水、娱乐、生态服务、经济增长等效益[91]。Rayamajhee 和 Joshi 设计了一个基于本地谈判的内生外部性缓解基金，直接用来补偿受特定环境外部性影响的个体，以替代一次性税收的政策和把外部成本计入能源价格的措施[92]。目前的研究主要强调水电工程项目开发企业进行利益共享，没有考虑到水电工程项目开发外部性受益者也要进行利益共享的问题。

综上所述，外部性理论和外部性影响内部化理论已经在水电工程项目开发领域得到了一定的应用，但多数研究侧重于某一方面，如对移民、区域经济或生态环境的外部性影响，施工期或运行期的外部性影响等，缺乏从大环境、全社会的角度对水电工程开发环境外部性影响的生成、识别、度量、变化规律、内部化模式等的系统性研究，因此应从全局的观点，用系统论的方法，把外部性理论引入到水电工程项目开发评价中，界定和度量水电工程项目开发对大环境（包括社会文化、经济和自然生态环境）产生的外部性影响，展示水电工程项目开发带来的外部效益和外部成本，揭示对不同主体在不同阶段的外部性影响变化规律，识别外部性影响的利益相关者和补偿主客体，探讨基于外部性受益者和外部性受损者的外部性影响内部化的补偿标准和模式，促进水电可持续、绿色、共享发展。

第三章 水电工程项目环境外部性影响评价体系

外部性是指在实际经济活动中，生产者或消费者的活动对其他生产者或消费者带来的非市场性的影响。那些没有明确所有者，人人都可以自由获得、免费利用的资源即公共资源，如海洋、湖泊、草场等，公共资源产权不明晰，导致其被过度使用。水资源作为公共资源，具有非排他性、不可分割性等特征，因而在水资源的开发中容易产生外部性问题和"搭便车"现象，从而导致经济主体的利益冲突。

水电工程项目在国民经济和社会发展中具有重要的作用和地位。水电工程项目开发的决策主要取决于成本与收益，成本主要包括前期成本、建设成本和运营成本等内部成本，收益主要包括发电、灌溉、供水等内部收益。水电工程项目所产生的正、负外部效应并没有核算到经济评价的成本和效益之中，完整的水电工程项目的成本-效益分析应把外部成本和外部效益纳入其中，否则将导致大坝建设成本超出预算，移民安置成本超出预算，生态环境保护成本超出预算，甚至导致移民迁不出、安不住等社会问题，而水电工程项目的外部性效益难以获取，造成投资决策失误。

相比外部性分析而言，内部性分析有两大问题难以解释：一是开发的社会问题，如何分析和评价水电资源开发的社会影响，如何从制度和政策方面进行完善等问题，内部性分析无法回答；二是生态问题，水电资源开发主体只关心自身的成本收益，而对生态影响并不关心，但从整个社会来看，保持生态平衡是社会的重要发展目标。以上两个问题从本质上讲都属于外部性范畴，因此识别水电工程项目的外部性影响，对外部性成本和效益进行计算，并进行内部化处理是可持续发展的必然选择。

第一节 环境外部性影响的形成原因

在水资源、利益主体、市场及经济增长方式等诸多因素综合影响下，水电工程项目开发过程中将产生各种环境外部性问题。准确查找形成原因，才能采取合理途径消解环境外部性影响，从而合理分配水电工程项目开发的利益，使移民问题得到妥善解决、保护生态环境、促进地方经济可持续发展和社会全面进步、保证水电健康可持续发展。

一、水资源属性

（一）环境属性

水是一种可以循环利用的自然资源，具有环境属性，水量减少和水质恶化都会对环境造成巨大冲击，相反水量增加和水质改善又会对环境带来正面的影响。水文条件变化会对与之相联系的事物产生影响，这是水电资源开发产生外部性影响的根源。在河流上开发水电工程项目，工程施工，大坝拦截，水库蓄水，下泄低温水、高速水、低氧水、清水、少量水等，都会改变河流水文条件，对整条河流的生态系统造成影响甚至造成破坏，虽然在项目设计和开发过程中都采取了环境保护措施，但并不能改变大坝被拦截、水文情势明显改变的事实，所以水电工程开发的负外部性问题是不可避免的。

水库储水量增加、水库内流速减缓、枯季下游水量增加可以改善水质，有利于缓流或静水性水生生物的生长和繁殖以及鱼类的越冬，因而产生正外部性影响。

（二）经济属性

与石油、煤炭、天然气、森林、土地等资源一样，水资源同样是有价值的，具有经济属性。作为水力发电过程中的核心生产要素，水资源能带来收益，这部分收益既不是企业的劳动报酬，也不是企业的经营利润，而是作为资源所有者得到的权益，在经济学上称为自然资源租金，也叫经济租金，是超出机会成本的收入，是从生产要素的所有收入中减去那部分不会影响要素总供给的一部分要素收入，即等于要素收入与其机会成本之差。水电资源带来的"租金"称为"水电租金"。

财政部、国家发展和改革委员会、水利部 2008 年 11 月 10 日印发的《水资源费征收使用管理办法》规定，水力发电用水的水资源费缴纳数额可以根据取水口所在地水资源费征收标准和实际发电量确定。2014 年，《国家发展和改革委员会、财政部和水利部关于调整中央直属和跨省水力发电用水水资源费征收标准的通知》把征收标准调整为 0.5 分/(kW·h)，如果现行标准高于此值，维持现行征收标准不变，但最高不超过 0.8 分/(kW·h)。由于水力发电并没有消耗水，也没有污染水，发电之后水还可以继续使用，当前收取的水资源费并不能体现水资源真正的产权价值，因而带来了水电工程项目开发的外部性问题。

此外，水电工程项目都具有不同程度的公益性质，发电的同时还将提高防洪标准，促进产业的发展，提高电网调节性能、节约化石能源等，带来可观的经济效益，因而产生正外部性影响。

（三）社会属性

水资源是稀缺资源，与人类社会发展乃至生存息息相关，人类五大文明发源地都与水资源密不可分。随着社会的进步和人类文明的发展，人们开始意识到水资源更多的社会价值，如文化、美学、教育等。

水电工程项目开发改变了河流径流、水量和水资源的时空分布，进而影响水资源的社会价值。如果处理不好，可能引发河流上下游间、地区间，甚至国家间的尖锐矛盾，成为社会不稳定因素。同时大坝拦截了大量的水，形成了高峡出平湖的壮丽景观，可以增加水资源的社会价值。因此水电工程项目开发不仅带来了社会价值，也出现了社会成本，社会成本与社会价值的差异会导致外部性问题的产生[93]。

（四）产权公有性

Hartin用"公用地的悲剧"刻画了公有产权不明晰造成环境恶化、资源配置不当的不良后果，提出只有明晰这些公共资源的产权，才能解决外部性问题[94]。中国的水电资源属于国家所有，国家授予某个企业开发代理权，这样国家与企业之间就产生了委托–代理关系。一方面，代理企业出于自身利益考虑，会偏离国家想最终达到的经济利益与生态效益协调的期望，也就是说代理者缺乏对水电资源开发的经济绩效和生态社会绩效的激励；另一方面，国家监督水电工程项目开发代理者需要付出高昂成本并面临很多困难，这使得现实中对水电工程项目的监督难以实现，造成水电资源产权虚置。国有水电资源产权委托代理关系及产权虚置问题也将使水电工程项目开发产生外部性影响。

（五）准公共物品性

水电资源开发具有有限的非竞争性与非排他性，在一定程度上具备公共物品的特征，属于准公共物品范畴。以河流梯级开发为例，当开发级数从零增加到某个值时达到拥挤点，这时新增加梯级开发的边际成本开始上升。达到容量极限值时，再增加额外梯级开发，其边际成本则趋于无穷大。

另外，由于水资源准公共物品属性，开发中搭便车的行为极为普遍。大型水电工程除发电效益外，兼有防洪、灌溉、供水、航运、水产、旅游等方面的效益，但是获得这些效益的主体并没有分摊水电工程的投资，为外部性影响的形成奠定了基础。

二、利益主体特点

（一）利益主体分散性

任何一种经济体制下，经济活动都是分散进行的，各利益主体相对独立。水电工程项目开发的利益相关者人数众多，如工程施工影响区、库区、安置区、受电区、下游区、替代生境区的地方政府、工业企业、居民等。水电工程项目成本很高，收益巨大，也很可能影响生态环境，损害社会文化，由于受轻微影响人群极多，因此难以补偿所有成本、取回全部收益，进而产生外部性影响。

（二）移民的非自愿性

移民问题不仅是经济问题，还是人类发展过程中的社会问题和文化问题，涉及社会网络调整、社会关系适应和社会融合等多方面。非自愿移民涉及的利益相关人群的年龄、性别、观念、谋生能力、社会文化背景等差别很大，加之移民搬迁、安置、生计恢复和社会网络重建的复杂性，以及涉及的领域极多（如社会、经济、政治、文化、人口、资源、环境、民族、宗教、心理、工程技术），都增加了移民难度，使非自愿移民的外部性凸显。Cernea 提出了非自愿移民产生的八种贫困和社会公平问题：失业、无家可归、失去土地、边缘化、粮食短缺、公共资源损失、身体健康恶化和社会隔绝[95]。Downing 指出非自愿移民造成社会贫穷、文化枯竭，增加社会不稳定风险的主要原因是拆散了潜在的社会结构，弱化了重要的社会关系网络和生活支持机制，人们适应不确定性的能力明显降低[33]。

虽然移民的房屋、土地等物质损失已经得到了较为合理的补偿，公共基础设施也得到较好的恢复和改善，但是，移民的无形损失却没有考虑进来，他们迁离世代居住的家园，离开熟悉的土地、社区和环境，原有的社会经济系统和社会网络解体，可持续的生计系统重构，千百年形成的生产和生活方式被改变，经历与亲邻分离的精神痛苦和心灵煎熬。这些无形损失将使水电工程项目对移民产生负外部性影响。

另外，对于边远山区的移民，其生活水平低、思想观念相对落后，水电工程项目的开发给移民的生活质量带来较大的改善，因此将产生正外部性影响。

（三）自然资源的价值属性

自然资源除了提供的产品价值之外，其他价值都是潜在的、长期的，而且与人们的认知程度、主动意识有关，如存在价值、整体性价值、相关性价值，以及调节功能、支持功能、文化功能等价值。在现有的评价体系中忽略了这部分潜在的价值，导致自然资源被破坏后得不到合理的补偿，因此产生外部性影响。

三、市场缺陷

市场并不是完美的，存在一定的交易成本，交易双方并不是通过自由竞争进行交易的，并且交易时众多相关者的参与程度不够，导致市场交易价格不能真正反映价值，产生外部性影响。

（一）资源交易价格扭曲

价格是交换的前提，价格是价值的天然尺度。在一定程度上，可以把移民行为看作一种交换行为，项目法人为开发水电工程项目征用土地，用一定价格交换移民的土地和私人财产。从市场等价交换角度来看，移民应得到的合理价值补偿是淹没区资源即移民的淹没损失对应水电工程所产生的效益[96]。按理说交换价格应该是交易双方根据市场行情共同确定的，不该由第三方确定，但中国现行体制下移民对交换价格形成的作用甚微。而且，这个交换价格并不是完全由市场来确定的，而包含了政府行政因素，如征地补偿费并不是市场主体在成熟市场环境下自由竞争形成的，很大程度上由人为研究制订，不可避免带有主观性、随意性，与市场交换价格有一定区别，其价值不能完全实现[97]，价格偏离价值而产生外部性影响。

另外，对于项目的损失者（移民）来说，损失 1 美元比项目受益者获得 1 美元收益具有更高的社会价值[98]。因为水电受益者状况可能一开始就比移民状况好，移民福利损失的价值与水电受益者收益之间存在不对称关系。如果在水电移民政策中没有充分体现移民损失对移民具有的社会价值，就容易产生外部性影响。

（二）水电定价不合理

水电是一个特殊的产业，它不同于一般的产业。在整个电力收入中，包含诸多政策性因素，并未完全形成竞争市场。除水电外，电力市场主体还包括火电、核电、风电、抽水蓄能和热电等。由于存在降水丰枯交替变化，水电占比太大会导致电网供电不稳定，因此水电所占市场比例一般不会很大，无法通过供求关系影响市场价格，因此无论是单个水电企业还是整个水电行业，在电力市场中始终是价格的被动接受者[89]。

水电的定价长期以来一直较低，主要原因是水电的定价原则中没有完全包括移民和自然生态环境产生的外部成本。随着社会经济的不断发展，国家综合实力不断增强，对民生和生态问题的关注度越来越高。党的二十大报告指出，必须坚持在发展中保障和改善民生，必须站在人与自然，共生的高度谋划发展。在水电工程项目开发过程中，征地移民投资和自然生态环境保护措施的投资占工程总投资的比例正在逐渐加大，如瀑布沟、向家坝等水电项目，征地移民投资占电站总投资的比例达到40%。因此如果水电定价机制不修改，则对水电项目会产生外部性影响。

另外，大中型水电站还具有调峰、调频、事故备用等效益，在提高电网稳定性、节约化石资源的同时，将增加水电机组的耗水率、降低机组稳定性、增加各部件的磨损、产生机组效率损失，甚至影响机组寿命。中国水电机组运行专家指出，一直在最优运行区域运行的机组寿命一般为几十年，而如果一直在振动区运行的机组寿命则只有几年[99]。在水电定价中如果不考虑水电调峰、调频、事故备用等带来的效益以及对水电机组和发电效率造成的损失，则也将产生外部性影响。

四、政府缺陷

市场存在缺陷，政府干预也同样存在缺陷。在市场失灵的情况下，政府干预可能能解决一些问题，但并不是万能的。影响政府干预的因素很多，如国家安全、经济发展、社会平等、宏观调控、环境保护等。当这些因素相互矛盾、难以两全时，政府不得不优先满足某个因素的要求，因此便产生了外部性问题。政府缺陷主要体现在政策失灵和管理失灵两方面。

（一）政策失灵

公共政策是公共权力机关经由政治过程所选择和制定的为解决公共问题、达成公共目标以实现公共利益的方案，其作用是规范和指导有关机构、团体或个人的行为，其表达形式包括法律法规、行政规定或命令、政府规划等。不同时期、不同国家的公共政策是不一样的。虽然公共政策反映了大多数人的利益，但是这些政策都是在一定时期、一定的认识范围内制定的，政策过程是一个对以往政策行为的不断补充和修正的过程，在补充和修订的过程中不可避免地对不同的利益主体产生外部性的影响。

政策决定了资源分配的方式和力度，政策不健全将对利益相关者产生外部性影响。以水电工程项目开发造成的非自愿移民为例说明政策失灵带来的外部性影响。为了促进经济发展、满足宏观调控的要求，水电工程项目开发时不得不牺牲移民的利益，使移民搬离世世代代生存的土地，对移民产生负外部性影响，导致移民承受灾难性的贫困。"重工程、轻移民、重搬迁、轻安置"的倾向在计划经济时期非常严重，如 20 世纪 60 年代某水库大移民，当时为了推进工业化的发展，认为土建工程才是最重要的，国家用行政权力把核减移民经费作为降低工程投资的手段，没有妥善安置移民，导致移民多次试图返回祖居的故土，引发社会冲突。在吸取了移民安置的教训后，中国逐步修改了一系列的法律法规，但是 20 世纪 80 年代以前仍然采用的是补偿性移民的安置理念，即采取补偿的方式对移民进行安置。随着移民遗留问题的凸显和扶贫政策的转变，1981 年第一次出台了移民遗留问题处理政策，即从水电站发电收入中提取库区维护基金用于支持移民生产恢复和解决库区移民遗留问题。

政策的创新可以减小水电工程项目开发对移民产生的负外部性影响。1984 年中央财经领导小组提出移民安置要从单纯的经济补偿中摆脱出来，走开发性移民的道路。20 世纪 90 年代初期"中国移民研究中心"在河海大学创立，中心对移民方法和移民政策做了大量、细致的研究工作。1991 年，国务院正式颁布的《大中型水利水电工程建设征地补偿和移民安置条例》（已废止）规定："国家提倡和支持开发性移民，采取前期补偿、补助与后期生产扶持的办法"，这是国家第一次以行政法规的形式明确提出在移民安置中实行开发性移民政策。2006 年国务院第 130 次常务会议通过第 471 号国务院令公布《大中型水利水电工程建设征地补偿和移民安置条例》，丰富了开发性移民政策。另外，三峡、怒江中下游水电工程等在开发时还专门制定了相关政策以降低对移民的负外部性影响。开发性移民政策如果实施得好可以消除负外部性影响，甚至提高移民收入，产生正外部性影响。国家对水库移民政策做出的重大调整和完善，使移民的外部性问题得到消解，但是在政策补充和修订的过程中，对移民将产生负外部性影响。

（二）管理失灵

管理失灵是指政府管理体制及政府主管部门间存在一系列管理问题，这些问题的存在导致有关政策无法有效实施[100]。政策到位后，政策的执行和监督不力也是产生外部性影响的重要原因。开发性移民政策是很好的移民政策，但是政策的实施却面临着各种问题，如移民补偿问题。目前国家对农村移民的征地费用是补偿性质的，并不是两者平等协商的结果，同时补偿的范围也有待完善。补偿标准没有反映市场价值，导致管理失灵，产生外部性影响。

公共政策的实质是对价值和利益的权威性分配，因而会对不同利益相关者产生不同的利益受益（正外部性）或受损（负外部性）效应。以某水电站开发为例，从刚开始"两库十三梯"开发方案经过修正后变为十年后的"一库四级"，决定这一政策变化的主要原因在于决策过程中利益相关者的资源和影响力之间的差异，以及不同政策制定者之间复杂的互动与博弈[101]。对于涉及亿万民众切身利益和福祉的公共政策而言，公民参与和公共辩论是维护公共利益必不可少的程序。多元参与的公共政策决策过程是降低公共政策负外部性、提高公共政策正外部性的必由之路。如果利益相关者参与程度和广度不够，则极易产生外部性影响。

五、外部性影响的产生根源

水电工程项目开发是一个复杂的系统工程，水资源的属性、利益主体特点、市场缺陷和政府缺陷导致水电工程项目开发产生环境外部性影响，水电工程项目开发环境外部性影响的产生根源如图 3-1 所示。

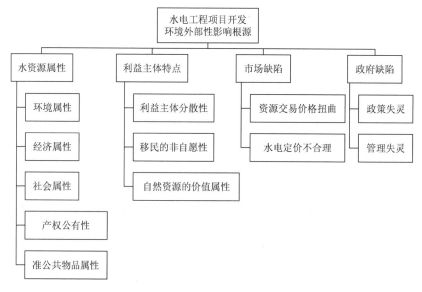

图 3-1　水电开发环境外部性影响的产生根源

第二节　环境外部性形成途径

一、环境外部性的特点

水电工程项目影响区域广、影响时间长，是水资源综合配置的一种形式，尤其是在大江大河上建设的大型水电工程项目，一般都具有经济、社会和环境等综合效益，是涉及自然、社会、人文、科技、经济和环境的系统工程，具有难衡量性、不均衡性、不可逆转性、延续性、动态性和不可叠加性等特点。

（一）难衡量性

度量水电工程项目的环境外部性价值时，经济环境外部性影响较易评估，但社会、文化环境外部性影响和自然生态环境外部性影响还没有统一的度量方法，特别是对社会安定、周围环境质量、人群健康和寿命、地区发展、水生生物的外部性影响很难进行定量计算，更不能用统一的货币形式表示，只能进行定性分析。

（二）不均衡性

水电工程项目的外部性具有负外部性显性、正外部性隐性的特征。当前的环境影响评价中，诸多工作均集中在环境影响负效应上，而同一环境影响的正效应分析却明显不足。以水库蓄水为例，关注点往往在淹没损失、生物多样性损失和移民成本方面，而局地气候改善、供水时空不均状况改善等使影响区域内客体受益的环境效益却被忽略。

（三）不可逆转性

水电工程项目建设和运行过程中，对区域的文化、生态等造成影响，如山区人民迁至山下后，采用现代化生活方式，其特有的传统建筑和山区民族文化将不复存在；大坝拦截、水库蓄水改变原河道水文情势，导致水体中喜欢急流生境的生物数量减少甚至消失，喜欢缓流或静水的水生生物数量增加；引水式电站还会产生减水河段，对减水河段生物物种产生巨大影响；蓄水淹没库区大量耕地、林地、草地等，这些都是不可逆转的。

（四）延续性

水电工程项目施工期一般在10年左右，在此期间，水电工程项目施工对当地动植物、居民以及经济等产生潜移默化的影响。施工完成后，当地居民又需要重新适应新环境，这种影响持续时间更久。另外，移民问题的延续性非常明显，移民搬迁到一个陌生地方，面对一个崭新的环境，从陌生到熟悉，再到适应并完全融入其中，这是个漫长而艰难的过程，也是个继续社会化的过程，往往面临着适应社会等方面的心理压力。移民可持续生计系统与社会网络重建等将持续数年甚至几十年，因此要在漫长的过程中去评价水电工程移民的效果。

　　水电站运行可达百年左右，水库蓄水改变局地气候，缓冲极端气候对人类的不利影响，有利于植被生长、动物繁殖；同时大坝拦截河流，使坝址上游泥沙淤积、河床抬高，下游来沙减少、粒径减小，打破下游河道天然平衡状态，河道、河床、河岸和河口发生演变。这些外部性影响并不是立竿见影的，而是一个逐步显现的过程，具有延续性。

（五）动态性

　　水电工程项目开发对环境的影响强度是动态变化的，并不是一旦有影响，外部性就能立刻被识别，只有当环境影响强度值（或累积值）超过某一限值时，其外部性效应才会显现，外部性才能被识别。另外，当强度值随着时间推移下降到限值以下时，外部性效应便会减小直至消失，外部性就不能被识别。以水库运行为例，考虑水文情势变化对下游河道生态系统的影响，在采取恰当措施的情况下，水库下泄流量适当、水质优良，下游生态状况优于水库建设前，将产生正环境外部性影响；当水库下泄流量偏离一定区间时，对下游生态系统造成一定破坏，其负外部性效应才会出现。又以移民影响为例，将一户沿海渔民迁至内陆区域并分配土地以供生活，由于谋生方式、文化传统、生活习惯和亲属关系等发生了根本性变化，对他们就产生了负外部性影响；如果这户渔民搬迁后，其村庄或乡镇相继迁入，项目主体或迁入区政府对迁入居民组织技能培训，形成集体经济，教育机会增多、收入大幅提高，文化传统和亲属关系变化不大，对迁移适应良好，则对他们产生正外部性影响。

（六）不可叠加性

　　水电工程项目在整个生命周期内都将对环境产生外部性影响，这种影响在生命周期的不同阶段或不同年份是不能直接叠加的。例如，项目开发带来的防洪效益外部性，防洪效益是一种潜在效益，虽然遇上特大洪水时一次防洪效益很大，但其出现机会稀少，防洪效益的外部性一般采用多年平均值计算，随着国民经济的发展，防洪效益是逐年递增的，并不能把计算期内每年的防洪效益累加起来评价水电工程项目的防洪效益外部性。计算下一年的防洪效益外部性时，上一年的防洪效益外部性已经消失了，即只能考虑计算期内某一年外部性的单点值。再如计算项目开发对工程移民文化心理产生的外部性影响时，搬迁刚完成时可能对移民文化心理产生负外部性影响，但是随着工程补偿、后期扶持和政策支持等等措施的实施，负外部性影响将逐渐变为正外部性影响，如果简单地进行叠加，有可能叠加结果为零，即工程开发对移民的文化心理没有产生外部性影响，这与实际情况是不相符的，因此只能分析某个年度的单点值。

二、环境外部性存在的时空规律

水电工程项目不同的水能开发方式，在生命周期的不同阶段，在不同的影响区域对社会经济和自然生态环境都将产生不同的外部性影响。

（一）不同水能开发方式的环境外部性影响

坝式水电站通常具有较大的综合利用效益，除了发电、供水、灌溉等内部效益之外，还具有提高防洪标准、改善航运性能、刺激经济发展、改善局地气候、改善能源结构和经济结构、提高电网性能等外部效益；同时蓄水淹没将产生大量的移民，直接淹没库区的陆生生物资源，大坝拦截还可能产生种群隔离、物种消失、生物多样性下降等外部成本。

引水式水电站如果建坝蓄水则将同样产生种群隔离、物种消失、生物多样性下降等外部成本，另外长距离引水或跨流域引水形成局部"减水河段"，将造成减水河段生态环境恶化、生产生活用水不便、发展机会变少等外部成本。

抽水蓄能式水电站凭借其运行灵活、可靠性高、启停迅速等特点，在电网中承担调频、调峰、调相、旋转备用等任务，产生外部效益，但上下游水库淹没和电站施工也将对陆生生物资源造成一定的影响，产生一定的外部成本。

（二）生命周期内各阶段的环境外部性影响

从水电工程项目全生命周期理论出发，水电工程项目开发的环境外部性影响可以分为四个阶段。

第一个阶段是前期规划决策阶段。首先是流域水资源综合规划和河流水电工程项目开发规划阶段，属于宏观层面，因国家和政府的政策以及补偿标准和范围的确定而产生外部性影响；其次是水电工程项目前期规划论证和项目核准阶段，属于微观层面，因利益相关者的参与程度不同而产生不同的外部性影响。在这个阶段，如果项目的利益相关者参与对项目外部性影响的全面分析和对策研究，可有效控制项目建设产生的外部性影响，使项目建设成本和效益得到合理的分配。

第二阶段是项目建设实施阶段。由于规划阶段深度所限，项目建设实施阶段外部性影响往往表现为直接、现实的利益诉求，这些诉求随项目实施以及对项目的认识深化逐步显现，有时会上升至比较尖锐的社会冲突，特别是移民问题，需要以政策和法规为依据，正视矛盾，实事求是、客观公正地解决问题。此外，电站建设过程中产生的废水、垃圾、噪声、粉尘、水土流失以及流动人口带来的疾病传播等问题，对人体健康将产生负外部性影响。同时工程占地、开挖、取土、弃渣、库盆清理等将破坏大量的植被，对自然生态环境也产生负外部性影响。另外该阶段人流、物流、信息流和资金流等对项目所在区域的经济发展将产生较大的正外部性影响。

第三个阶段是水电站投产运行阶段。这个阶段是水电工程项目投产后发挥外部效益的阶段，也是水电工程项目开发潜在负外部性问题逐步显露的阶段。一方面，水电工程项目开发的外部效益，如防洪效益、航运效益、减排效益以及局地气候改善效益全面展现；完善的基础设施、公共设施和日益增长的经济基础，加上电站投产后的大额、稳定的税费收入，为地方区域经济社会发展再上新台阶带来了动力；另一方面，水电工程项目运行后的移民问题、自然生态环境问题等也将逐步显现，这些外部性问题具有长期性、潜在性，需要从技术上进行观察和监测，在资金上留有保障。

第四个阶段是水电站退役阶段。该阶段的外部性问题与建设水电站时的外部性问题相反。大坝拆除的目标是让河流生态系统恢复到近似于未干扰前的状态。拆除大坝可以恢复天然河流的流态、鱼类的洄游通道和野生动物的栖息地，但将影响土地价值、城镇供水、农田灌溉、地方经济、河道运输，降低防洪能力，影响库区生物等。同时会产生一些新的外部性问题，如水库中的淤积泥沙和筑坝材料的处理、库区恢复、下游河道的物理变化带来的外部性影响等。

（三）不同影响区域的环境外部性影响

水电工程项目开发的影响区域主要包括大坝施工区、淹没区、工程周边地区、库周、安置区、替代生境区、大坝下游区、受电区等，不同区域将产生不同的外部性问题。大坝施工区的环境外部性影响主要源于施工期废水、废渣、废气的排放，噪声的干扰，以及施工人员的生产和生活；淹没区的环境外部性影响主要源于水库淹没损失、河流水文情势的改变和移民安置，其中对生物多样性和移民产生的负外部性影响最大，同时对航运产生一定的正负外部性影响；工程周边地区的环境外部性影响主要源于大量资金投入对拉动就业、促进相关产业发展、提高当地居民收入和人口素质等；库周的环境外部性影响主要源于水库水位的消落、局地气候改善等；安置区的环境外部性影响主要源于移民迁入后，其生产和生活对周围自然生态环境以及当地居民的影响；替代生境区的环境外部性影响主要源于发展机会受限造成的机会损失；大坝下游区的环境外部性影响主要源于防洪产生的正面影响，以及水文情势的变化对生物资源、水环境等产生的负面影响；受电区的环境外部性影响主要源于价格低廉、清洁水电的使用为当地的大气环境改善和经济增长带来的影响。

三、环境外部性影响的途径

水电工程项目开发是一个复杂的系统工程,不同的水能开发方式和水电工程生命周期的不同阶段将产生不同的环境外部性影响,这些外部性影响在不同的影响区域通过不同的途径产生,水电工程项目开发环境外部性影响的途径如图3-2所示。

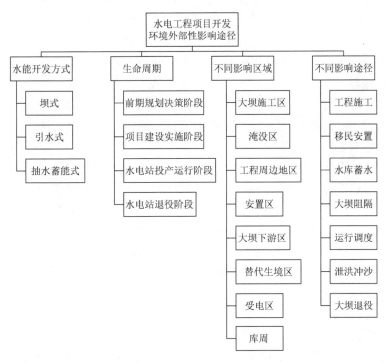

图3-2 环境外部性影响的途径

第三节 水电工程项目环境外部性影响识别

开发水电工程项目对社会文化、经济和自然生态将产生影响,这些影响有正面的也有负面的,有内部性影响也有外部性影响,有可以定量分析的也有只能定性分析的。下面对这些影响进行系统梳理,识别水电工程项目开发对社会文化环境、经济环境和自然生态环境产生的正外部性影响和负外部性影响。

一、指标选取的原则与方法

（一）指标选取的原则

水电工程项目开发将对环境产生各种各样的影响，影响程度、影响范围和影响性质等各不相同。水电工程项目开发企业对项目开发过程中造成的不利环境影响进行治理、修复和整治，是水电工程项目开发企业的分内之事，并且可通过现有制度解决，如水电规划阶段及可行性研究阶段均会开展环境影响评价工作，针对水电工程项目开发过程中造成的不利环境影响制订较为完善的环境保护与减缓措施，并将该部分费用纳入水电工程项目开发企业的投资成本；另外还将开展水土保持、征地移民安置等工作，解决水电工程项目开发引起的水土流失、征地移民安置等问题，并将相应费用纳入水电工程项目开发企业的投资成本。然而，当前认识不够充分或者难以采取有效措施，部分潜在的、长期的、更大范围的不利环境影响不能得到根本消除，导致水电工程项目开发产生环境负外部性影响。

因此，对于可通过现有环境影响评价、水土保持和征地移民安置等制度内部化的环境影响不再纳入本书外部性研究的范围，而由于当前认识不够充分或者难以采取措施、仅依靠现有制度难以得到补偿的部分潜在的、长期的、更大范围的社会文化、经济、自然生态环境影响则纳入本书外部性研究范围。

同理，水电工程项目开发产生发电、供水和灌溉效益，水电工程项目开发企业通过收取电费、水费等获得了直接的经济效益，已经纳入水电工程项目开发企业的投资收益，也不再纳入本书外部性研究范围。而对于产业结构调整、能源消费结构优化、节能减排、改善局地气候等现阶段没有或无法获得补偿的影响则纳入本书外部性研究范围。

另外，在没有内部化的环境影响之中还有影响大小之分，那些较小的、轻微的环境外部性影响也不纳入研究范围，如工程开发对气候的负面影响，对区域经济的负面影响，对水生生物资源的正面影响等，而只关注大的、重要的环境外部性影响，如对区域经济的正面影响、对水生生物资源的负面影响等。

经过筛选后，全部环境影响将被分成两大类，一类是被剔除、不再做任何评价分析的影响，如那些内部的、小的或能被控抑的影响，以及纳入开发主体财务费用和效益的影响；另一类就是那些没有被内部化的大的环境影响，即本书研究的外部性影响。

（二）指标筛选的方法

《水利水电工程环境影响评价规范（试行）》（SDJ 302—88）把水利水电工程对环境的影响分为自然环境和社会环境两种，其中自然环境包括局地气候、水文、泥沙、水温、水质、环境地质、土壤环境、陆生植物、陆生动物、水生生物；社会环境包括人群健康、景观与文物、重要设施、移民和工程施工。《环境影响评价技术导则　水利水电工程》（HJ/T 88—2003）中把环境影响评价分为水文、泥沙、局地气候、水环境、环境地质、土壤环境、陆生生物、水生生物、生态完整性与敏感生态环境问题、大气环境、声环境、固体废物、人群健康、景观和文物、移民、社会经济等环境要素及因子的评价，并要求在工程任务中说明工程的防洪、发电、航运、灌溉、供水、水产、旅游等任务。《水电建设项目经济评价规范》（DL/T 5441—2010）中把水电工程项目开发的经济效益分为发电效益、综合利用效益（防洪、供水、灌溉、航运、养殖和旅游等）和外部效益（促进当地、受电区经济发展，以及生态环境效益等）；把经济费用分为建设投资、维持运营投资、流动资金、经营费用、项目外部费用等。

本书结合以上三个文件对环境影响的分类方法，并根据金沙江、大渡河、雅砻江、长江上游、乌江等水电基地中相关水电站的环境影响评价报告和可行性研究报告，从可持续发展的角度出发，把水电工程项目开发对大环境的影响分为三个影响子系统：社会文化环境、经济环境和自然生态环境，如表 3-1 所示。

表 3-1　水电工程项目开发对大环境的影响

影响子系统	影响因子	作用因素
社会文化环境	文化心理资本	文化、心理、精神等
	自然资本	耕地、山林、水域、矿山等自然资源
	人力资本	人力素质和人体健康
	社会资本	社会关系网络
	物质资本	房屋、设备、公共基础设施等
	文化景观	文物古迹、古典园林、民俗风情、文学艺术等
经济环境	发电能力	发电量
	防灾减灾	抵御洪、涝、旱、碱等自然灾害的能力
	供水能力	城镇供水、灌溉能力
	航运效应	通航能力
	区域经济	经济总量、财政税收、城镇化、产业结构、就业状况、居民收入等
	电网性能	调峰、调频、事故备用等功能

续表

影响子系统	影响因子	作用因素
自然生态环境	气候资源	气温、湿度、降水、蒸发、风和云雾等
	水环境	流量、水位、流速、水温、水质、含沙量、TDG 含量
	地质环境	坍塌、滑坡、泥石流、地面沉降、浸没、渗漏、地震、震动等
	土壤资源	土壤质量和数量
	大气环境	扬尘、粉尘、废气、烟气、悬浮颗粒；二氧化硫、温室气体、氮氧化物等含量
	声环境	各种噪声强度
	陆生生物资源	陆生植物、陆生动物种群及数量等
	水生生物资源	水生植物、水生动物（鱼类）种群及数量等
	自然景观资源	景观要素、景观结构和景观功能

二、指标的界定与选取

根据前述指标选取的原则与方法，对水电工程项目开发产生的环境外部性影响进行界定，剔除已通过市场实现公平交易的内部影响、现有制度已经解决或被控抑的外部影响，以及影响较小的外部影响，选择现有制度没有解决或由于认识不充分或难以采取措施产生的潜在的、长期更大范围的不利影响，以及没有通过现有制度实现市场化价值转化的有利影响作为外部性影响评价指标进行研究，并分析各外部性影响的影响对象、性质和时限。

（一）社会文化环境影响因子

本书所指的社会文化环境是指人类生存及活动范围内的社会物质、精神条件、文化传统的总和，与自然环境不同，它是人类活动的产物，有明确、特定的社会目的和社会价值。水电工程项目施工和水库淹没等将直接影响人类的物质环境、精神环境和文化环境，进而产生各种社会文化环境问题。受水电工程项目开发影响的社会文化环境影响因子主要包括文化心理资本、自然资本、人力资本、社会资本、物质资本和文化景观。

1. 文化心理资本

文化心理资本是指人类文化资本和心理资本的总和。文化既是资源，也是资本，是人类的物质财富和精神财富，更是一个民族的灵魂。水电工程移民搬迁可能造成原有文化体系解体，使移民的文化认同感下降，影响民俗文化的保留和发展，甚至形成强烈的文化冲突；另外，移民安置也为原有文化的传承、保护、发展和创新带来了新的机遇，对文化资本的这种影响没有通过市场方式进行体现，因而产生正负外部性影响。

心理资本是促进个人成长和绩效提升的心理资源，是个体在成长和发展过程中表现出来的一种积极心理状态。水电工程项目开发导致大量非自愿移民外迁，将产生各种各样的心理问题，如抗拒[102]（抵触、逆反、犹豫）、失衡（攀比、高期望）、依赖、怀旧和认同等心理问题，使移民个人日常生活出现困难。虽然通过制订合理的移民政策、采用合适的移民方式、进行移民后期生产发展扶持等可以缓解移民的部分心理问题，但现有制度并不能完全避免心理问题的产生，造成对心理资本的负外部性影响。

综上所述，水电工程项目开发对文化心理资本因子将产生外部性影响，影响对象为移民，影响性质为正负，影响时限为搬迁安置阶段。

2. 自然资本

自然资本是指个人不拥有所有权但拥有使用权的耕地、山林、水域、矿产、湿地、冲积平原等自然资源。移民失去原有的自然资本后，在安置地获得的自然资本的数量和质量与搬迁前相比都有一定下降。这些自然资本对移民来说除经济价值之外，还具有社会保障价值和粮食安全价值[103]，其中社会保障功能又包括养老保障功能、医疗保障功能和就业保障功能[104]。现有按前三年平均年产值16倍的补偿标准不能完全反映自然资本的全部价值。虽然中国开展的农村养老保障制度[105]和农村合作医疗制度弱化了自然资本的养老保障功能和医疗保障功能，但自然资本的就业保障功能价值和粮食安全价值都没有得到体现，因此水电工程项目开发对移民的自然资本产生负外部性影响。

工程移民对安置地居民的自然资本也将产生负面的影响，如果采取重新分配土地的方式，则安置地的人均土地资源将降低；如果采取开荒造地的方式，将破坏自然生态环境。但是随着基础设施投入的增加、灌溉设施的完善以及新技术的引入，单位土地产值将会得到提高，可以弥补一部分土地损失，即通过现有制度和政策可以解决水电工程项目开发产生的安置地居民自然资本的外部损失。

水电工程项目开发对自然资本因子产生外部性影响，影响对象为移民，影响性质为负，影响时限为自然资本的就业保障功能期限。

3. 人力资本

人力资本是指人的智力和体力所带来的资本总和，可以从人力素质和人体健康两个方面来评价人力资本。

1）人力素质

水电工程项目开发可以增加当地居民与外界社会的经济交往、信息交流与沟通，改变当地相对落后的思想观念和信息资源相对缺乏的劣势，同时还为当地居民提供大量就业机会，带来更多的教育机会，使他们学到新技能。水电工程项目开发企业并没有从中得到报酬，因此对当地居民的人力资本产生一定的正外部性影响，但由于受影响群体分散，个体受益程度低，因此正外部性影响较小。

移民搬迁后土质、农产品种类、耕作方式或生活方式的改变使原有的生产技能、职业、技术、经营能力丧失，而且学习新的生产技术需要花费大量的时间和精力，导致移民的人力素质降低，但是通过开展技能培训和就业指导，可以降低影响程度，使项目开发对移民人力素质的负外部性影响得到控抑。

2）人体健康

外来病原的带入，缺乏对地方病的抵御能力[106]，人员聚集增加流行病、传染病的传染机会[107]，水域面积扩大增加介水传染病的发病率[108]等都将影响工程周边地区居民、移民、施工人员的身体健康，可通过采取病媒防治、传染病防治、库区防疫等措施使这些负面影响得到控制，负外部性影响可以忽略不计。另外，水电工程项目开发企业和当地政府在水电工程开发时加大对公共卫生事业的投入力度，使当地的公共卫生条件得到改善，使水电工程项目开发对人体健康产生一定的正外部性影响。

总之，水电工程项目开发对相关地区居民人力素质和人体健康的负面影响已得到控制，因此水电工程项目开发对人力资本因子仅产生较小的外部性影响，影响对象为工程周边地区居民、移民和安置地居民，影响性质为正，影响时限为施工期和运行期。

4. 社会资本

社会资本是指人们在一个组织结构中通过社会网络能够获取的资源。中国农村社会是一个由家庭关系、家族关系和邻里关系构成的组织结构，在该组织结构中，通过人与人之间的合作使农民的生产和生活得到一定的保障。这种初级的社会关系网络使农民之间建立起网络纽带，不仅为网络成员带来收益，还提高了农村社会的整合度和社会效率。

大型水电工程项目的开发导致枢纽工程区和水库淹没区大量的居民外迁。由于自主选择搬迁安置方式，因此一般不会影响家庭关系，但对家族关系和邻里关系的影响是在所难免的，易地安置、分散安置或政府安置方式使原来稳定的组织结构和初级社会关系网络被削弱甚至割断，使移民不能再通过该组织结构和关系网络获得相应的资源效益。在"人生地不熟"的新环境中，社会支持网的缺乏和社会资本的重组，使移民在心理上、生活中都蒙受很大的损失，从而造成移民社会资本的损失。在现有的移民安置补偿和后期扶持中缺乏对移民社会资本损失的考虑,因此属于负外部性影响范畴。水电工程项目开发对社会资本因子产生外部性影响,影响对象为移民,影响性质为负,影响时限为移民一生及其后代。

5. 物质资本

物质资本是指人们所拥有的房屋、设备等私有物品,以及可以使用的公共基础设施,如医疗卫生设施、道路、桥梁、电力、通信、灌溉等。水电工程项目施工临时和永久占地以及水库蓄水淹没,将造成居民物质资本的损失。在水电工程项目开发过程中,水电工程项目开发企业对移民的物质资本损失进行了相应的赔偿,各级政府也在不断加强安置区基础设施建设。因此,如果补偿标准与实际损失相符,则水电工程项目开发对移民和工矿企业的物质资本损失不存在外部性影响。

另外,安置区居民的物质资本也将受到一定的影响,如学校、医院、灌溉等基础设施可能短期出现短缺局面,但土地补偿费和安置补偿费以及专项设施迁建复建的补偿费并没有发放到移民本人手中,而是支付给与其签订移民安置协议的地方政府。地方政府对这些费用统筹管理,用于安排移民的生产和生活,加大基础设施投入,有利于安置区社会发展,因而对安置区居民的物质资本也不存在负外部性影响,即水电工程项目开发对物质资本因子不产生外部性影响。

6. 文化景观

文化景观,又称人文景观,是人们为了满足精神需要,有意识地在自然景观的基础之上叠加了某种文化特质之后形成的景观,是人类创造的景观。文化景观包括文物古迹景观、民俗风情景观、古典园林景观、文学与艺术景观、宗教文化景观以及城镇与产业观光景观等。在《水电工程设计概算编制办法及计算标准》中,仅对受建设征地影响、经省级以上专业主管部门鉴定的文物古迹进行保护和处理,对于省级以下涉淹文物古迹以及人文景观没有进行保护或迁建。由于没有完全控抑,使人们丧失千百年来形成的文化景观、民俗风情景观,失去这些文化景观带给他们的安慰和精神寄托,产生负外部性影响。

另外,水电工程开发时投入大量的资金进行文化景观的保护,使文化景观得以延续;水电站建成后形成新的文化景观,宏伟的大坝和宽广的水库将形成新的风景区,交通的改善也将提升周边景观的旅游价值,而水电工程项目开发企业没有得到相应的报酬,因此水电工程项目开发又对文化景观产生正外部性影响。

水电工程项目开发对文化景观因子产生外部性影响,影响对象为省级以下涉淹文物古迹、人文景观以及新形成的文化景观，影响性质为正负，影响时限为施工期和运行期。

经过对社会文化环境影响因子的界定，选出水电工程项目开发产生的社会文化环境外部性影响评价指标，如表 3-2 所示。

表 3-2　社会文化环境外部性影响识别结果

环境影响子系统	环境影响因子	外部性特征
社会文化环境	文化心理资本	正、负外部性
	自然资本	负外部性
	人力资本	正外部性较小，负外部性已控抑
	社会资本	负外部性
	物质资本	负外部性已控抑
	文化景观	正、负外部性

（二）经济环境影响因子

本书所指的经济环境是指水电工程项目开发对国民经济建设和社会发展提供的必要的经济要素组成的整体，是人类活动的产物。受水电工程项目开发影响的经济环境影响因子主要包括发电能力、防灾减灾、供水能力、航运效应、区域经济和电网性能。

1. 发电能力

水力发电工程同时完成一次能源开发和二次能源生产，在运行中不耗费燃料，运行维护费和发电成本远比燃煤电站低。水力发电在水能转化为电能过程中不产生化学变化，不排放有害物质，对环境影响较小。水电工程一旦开始运行，便可以向电网输送优质的电能，满足经济发展对电量的需求。大型水电工程凭借电力销售可创造巨大的经济效益[109]。水电工程项目产品以电能形式投入经济部门，通过电费从市场获利，开发者获得利益，因此，水电工程项目开发对发电能力影响因子不产生外部性影响。

2. 防灾减灾

大型水电工程会改变流域的水文情势，改变水资源的时空分配，以抵御洪、涝、旱、碱等自然灾害。水电工程项目这种"除害"功能提供的服务具有典型公共物品特性，由此产生的效益由保护区内政府、所有企事业单位、全体居民共同享有。防灾减灾受益者和投资者间存在明显投资-收益的不对称，投资者不仅没有获利，还要为减少自然灾害弃水而牺牲发电效益，因此水电工程项目开发对防灾减灾因子产生外部性影响，影响对象为受益区的政府、企业和居民，影响性质为正，影响时限为运行期。

3. 供水能力

水库蓄丰调枯，保持供水稳定性，提高供水、灌溉能力，使灌溉面积大大增加，使季节性灌溉变为全年性灌溉，同时水源的保证使作物产量大幅度提高。《水利工程供水价格管理办法》明确规定由供水经营者收取水费，对于城镇工业企业供水项目，供水价格补偿了供水项目的成本；虽然生活用水和灌溉用水水价偏低，但随着水价理论不断完善，供水价格将逐步体现供水效益的实际价值，因此水电工程项目开发对供水能力影响因子不产生外部性影响。

4. 航运效应

水电工程项目对河道通航将产生有利影响，主要包括缩短航运里程和航运周期，节省航道维护费和船舶营业费，提高航道安全度，使原来不通行的河流变成通航河流等，还包括增加水运竞争力，拉动水域沿线经济，提供大量航运工人的就业岗位[110]。根据《中华人民共和国航道管理条例实施细则》（交通运输部令2009年第9号），水利、能源部门在原通航河流建有水电站的船闸、升船机等按有关部或者地方人民政府规定免收费，所需维修管理费用在水电成本中开支；其他情况按国家、各省、自治区、直辖市人民政府的规定缴纳过闸费。但根据《通航建筑物运行管理办法》（交通运输部令2019年第6号），过闸费的使用必须贯彻专款专用的原则，全部用于船闸的养护管理。可见水电工程项目开发产生航运效益，但开发主体并没有获得相应的补偿，因此产生较大的正外部性影响。

水电工程项目对河道通航也将产生一定的不利影响，如工程施工、调峰运行等对航运的影响，但通过采取相应的措施、合理的调度等可以大大控制这些负面影响，因此水电工程项目开发对航运效应仅产生较小的负外部性影响。

水电工程项目开发对航运效应影响因子产生外部性影响，影响对象为与航运相关的企业和居民，影响性质主要为正，影响时限为施工期和运行期。

5. 区域经济

水电工程项目，特别是大型水电工程项目的开发建设对当地以及相关地区社会经济发展具有明显的促进作用。在施工期主要体现为促进地区经济总量增长、带动相关产业发展、推动经济结构调整、增加政府财政收入、改善基础设施、促进城镇化进程和社会主义新农村建设、改善就业状况、增加居民收入等；在运行期，通过提供清洁、廉价的电能，促进经济的发展、工商业的繁荣，增加税收，改善投资环境，促进相关产业的发展，拉动就业。水电工程项目开发企业并没有获利，投资者和受益者的不同使水电工程项目开发对区域经济的正外部性影响明显。

水电工程项目施工和水库蓄水淹没会对某些行业产生负面影响，如原天然河道的捕鱼业，施工区、淹没区及库周的农业、林业、畜牧业、采砂、采矿业、服务业、旅游业等[111]。但是水电工程项目开发企业对大部分负面影响都进行了赔偿或者影响本身就很小，因而负外部性影响较小。

水电工程项目开发对区域经济影响因子产生外部性影响，影响对象为工程周边地区和受电区的政府、企业和居民，影响性质主要为正，影响时限为施工期和运行期。

6. 电网性能

水电机组具有运行灵活、启停迅速、出力调整速率快、控制精度高、负荷调整范围大等特点，可以为电力系统提供辅助服务，如调峰、调频、AGC 控制、无功调节、跟踪负荷快速升降、黑启动、负荷备用、事故备用、热备用和冷备用等，提高电网生产运行的经济性、安全性和可靠性，取得电网安全与联网错峰等附加经济效益。根据《关于印发〈并网发电厂辅助服务管理暂行办法〉的通知》，对发电机组提供的基本调峰不予补偿，因此水电机组调峰产生的静态效益不属于外部效益。但水电机组替代火电机组承担旋转备用、事故备用等，节约火电机组年运行费产生的动态效益也没有得到补偿，因此水电工程项目开发对电网性能影响因子产生外部性影响，影响对象为电网企业和电力用户，影响性质为正，影响时限为正常运行期。

经过对经济环境影响因子的界定，选出水电工程项目开发产生的经济环境外部性影响评价指标，如表 3-3 所示。

表 3-3　经济环境外部性识别结果

环境影响子系统	环境影响因子	外部性特征
经济环境	发电能力	纳入财务核算，不属于外部性
	防灾减灾	正外部性
	供水能力	纳入财务核算，不属于外部性
	航运效应	正外部性为主，负外部性较小
	区域经济	正外部性为主，负外部性较小
	电网性能	正外部性

（三）自然生态环境影响因子

本书所指的自然生态环境是指自然界中自然资源、生态环境组成的具有一定结构和功能的综合体，它不是人类活动的产物，但受人类活动的影响，并反过来影响人类的生存与发展，具有存在价值、服务价值、自身整体性和相关性价值。受水电工程项目开发影响的自然生态环境影响因子主要包括气候资源、水环境、地质环境、土壤资源、大气环境、声环境、陆生生物资源、水生生物资源、自然景观资源等。

1. 气候资源

水库蓄水后，下垫面由陆地转变为水面，对库区及其周围地区的气温、湿度、降水、蒸发、风、日照和云雾等产生比较显著的影响。水库水面面积越大、蓄水量越大，对周边气候影响的范围也越大。水库对周边陆地气候的改善包括库周降水量增加、无霜期延长、昼夜和年内温差缩小、夏季最高气温降低、年平均气温升高、空气湿度增加等[112]。局地气候的改善可以缓冲极端气候对人类的不利影响，有助于动植物的生长繁殖，还可以节约空调使用产生的费用。水电工程项目开发改变气候资源产生的效益没有计入水电工程项目开发企业的收益中，因此水电工程项目开发对气候资源产生正外部性影响。

另一方面，水库蓄水淹没大量森林和草地等陆生植被，这些植被改善局地气候的功能将不再存在。同时水库水面面积的扩大使蒸发量大幅度增加，经过大气循环作用，可能会造成当地雾霾天气的增多以及极端天气的频繁出现。此外，引水式电站由于水流途径改变，原河道断流，局部空气湿度降低，气候呈现干旱化，降雨减少，气温降低。虽然通过植被修复、污染源治理和下泄生态流量等措施可以降低对气候资源的负面影响，但由于无法完全恢复，因此存在较小的负外部性影响。

水电工程项目开发对气候资源影响因子产生外部性影响，影响对象为库周、减水区的居民和陆生生物，影响性质主要为正，影响时限为施工期和运行期。

2. 水环境

水电工程项目的施工、大坝的拦截以及水库的蓄水和运行会使天然河流系统的连续性遭到破坏，使河流的水环境发生改变，包括流量和水位、流速、水温、水质、含沙量、TDG 等。根据《水电工程设计概算编制办法与计算标准》，要对工程施工和移民安置产生的污废水进行处理，处理后回收利用或达标后排放，因此不考虑施工期对水质的影响。但是大坝拦截、周期性蓄水、调峰运行、泄洪冲沙等将彻底改变原来河流水环境状况，使动水变为静水，河流转换为湖泊，流速减缓、流量降低、水温变化、含沙量改变和水体自净能力下降等将影响水生生物物种进化，改变水生生物种群和数量，使某些物种消失，同时还会影响陆生生物的生长繁殖[113]，对生物多样性产生不利影响。这些影响是潜在的、长期的、不可逆转的，并且难以采取措施避免，因此水电工程项目开发将对水环境产生负外部性影响。

另一方面，水库水体流速减缓，一定程度上降低水体浊度、色度和硬度，增加水体稀释容量，减小水体因碱性增加导致毒性加大的可能性，改善水环境，不仅可以降低自来水厂、工业企业水处理成本，还可以提高灌溉水的质量；冬季水温升高对鱼类的生长和繁殖也产生有益的影响。但是水电工程项目开发主体没有从中获得收益，因此水电工程项目开发对水环境将产生正外部性影响。

水电工程项目开发对水环境影响因子产生外部性影响，影响对象为河流沿线的政府、企业、居民，以及水生生物和陆生生物，影响性质为正负，影响时限为施工期和运行期。

3. 地质环境

水电工程项目施工期间的开挖、爆破、取土、采砂等工序可能带来一系列地质问题，如坍塌、滑坡、泥石流、地面沉降等，同时水库蓄水也可能导致浸没、渗漏、地震、塌方、山体滑坡、泥石流等地质问题，另外高坝集中泄洪引起巨大水流脉动荷载产生的振动，沿河谷向上下游传播，会导致场地震动，对周围建筑物及居民正常生活造成不利影响。在水电工程项目可行性研究阶段，对这些地质问题进行充分勘察，避让存在地质问题的地段，在工程施工期、水库蓄水后和泄洪时，积极采取各种措施预防地质灾害问题。通过避让、预防、补偿等措施充分降低水电工程项目开发对地质环境的负面影响，因此水电工程项目开发对地质环境因子产生较小的外部性影响，影响对象为水电工程项目开发诱发地质灾害影响区的政府、企业和居民，影响性质为负，影响时限为施工期和运行期。

4. 土壤资源

水电工程项目在施工期、蓄水期和运行期都会对土壤资源产生一定的影响，负面影响主要体现为土壤污染、淹没和浸没、肥力下降、土壤退化、水土流失；正面影响主要为蓄水后大面积水体改善局地气候，从而改善土壤环境。在工程施工期间采取措施降低对土壤资源的负面影响，特别是土壤污染和水土流失，但对上游土地淹没和浸没、下游土壤退化等难以采取措施避免，另外蓄水后改善周边地区土壤环境的效益也没有通过市场手段给予水电工程项目开发企业报酬，因此，水电工程项目开发对土壤资源影响因子产生外部性影响，影响对象为施工区、库区、库周和下游区，影响性质为正负，影响时限为施工期和运行期。

5. 大气环境

水电替代火电可以减少二氧化硫、氮氧化物、一氧化碳等排放，有效避免火力发电对大气的污染[114]，减轻环境污染和酸雨等危害。另外，水电工程项目在材料生产和运输阶段，在项目建设、运行[64]、维护[115]和退役[116]阶段都将直接或间接地排放大量的粉尘、废气、烟气、悬浮颗粒以及温室气体等。虽然施工过程中通过采取工程和技术措施可以减小粉尘、废气、烟气和悬浮颗粒带来的不利影响，通过库盆清理可以减少水库温室气体排放，但是大气环境仍将遭到一定程度的破坏。

水电替代火电改善大气环境的效益以及水电工程项目开发过程中本身排放温室气体产生的大气环境成本都没有计入水电工程项目开发的效益和成本之中，因此水电工程项目开发对大气环境影响因子产生外部性影响，影响对象为施工区、工程周边地区、受电区的政府、企业、居民和陆生生物，影响性质为正负，影响时限为工程筹备期、施工期和运行期。

6. 声环境

水电工程项目对声环境的影响主要出现在施工期。工地的各种噪声对工人、水生生物、陆生生物以及周围敏感点都将产生影响，物料运输对道路沿线居民及陆生生物也将产生影响。在施工过程中采取了工程措施和技术措施来降低噪声的影响，使噪声的负面影响得到了一定程度的弱化，但噪声仍然是存在的，受影响者没有得到补偿，因此水电工程项目开发对声环境影响因子产生一定的外部性影响，影响对象为工程周边地区的工人、水生生物、陆生生物以及周围敏感点的居民，影响性质为负，影响时限为施工期。

7. 陆生生物资源

水电工程项目开发对陆生生物资源的负面影响主要体现在施工期，如施工占地、移民安置占地、水库淹没等直接破坏陆生植被群落，间接影响陆生动物的栖息生境，进而改变陆生生物资源的多样性和种群数量。运行期也将产生一定的负面影响，如上游水库隔断、下游河道减水等对陆生动物的影响，以及低温水灌溉[117]对陆生植物的影响。水电工程项目开发对陆生生物资源的正面影响主要体现在运行期，如局地气候改善有利于动植物的生长和繁殖。

在水电工程概预算中对施工占地、水库蓄水淹没土地上等按照相应的价格进行了赔偿或补偿，但是这些陆生生物资源除了提供生态产品（木材、薪材、畜牧产品、粮食产品、果类产品、水产品、旅游产品等）之外，还具有生态系统支持功能和生态系统调节功能，具有存在价值、自身整体性和相关性价值，而这些没有直接使用价值的资源在现实市场交易中价格为零，另外，局地气候改善对陆生生物资源产生的效益也没有通过市场的形式体现。因此，水电工程项目开发对陆生生物资源影响因子产生外部性影响，影响对象为施工区、淹没区、库周的陆生生物以及居民，影响性质为正负，影响时限为施工期和运行期。

8. 水生生物资源

水电工程项目开发在施工和运行过程中通过影响水环境、声环境等影响水生生物资源，加速水生生物资源衰退，导致物种退化、基因变异、物种灭绝，使水生生物多样性锐减[118]。采取设置过鱼措施、人工增殖放流措施、建立自然保护区和禁渔区、调整泄流方式和调度方式等措施，只能降低对水生生物资源的负面影响，由于当前认识不够充分而且难以采取有效措施避免，开发主体不可能提供全部补偿，因此水电工程项目开发将对水生生物资源产生巨大的负外部性影响。

水电工程项目开发对水生生物资源也产生一定的正面影响，如为水生生物提供理想的越冬场所，使静水性、缓流水性、温水性生物种群数量增加等。由于开发主体没有得到报酬，该影响属于正外部性影响，但相对于负外部性影响，正外部性影响很小。

水电工程项目开发对水生生物资源影响因子产生外部性影响，影响对象为原河道水生生物以及周边居民，影响性质主要为负，影响时限为施工期和运行期。

9. 自然景观资源

自然景观是指完全没有受到人类活动影响或影响程度很小的自然综合体，水电工程项目开发后自然景观的景观要素、景观结构和景观功能都将发生明显的变化。水电工程项目施工形成人工斑块，河流水文情势的改变使工程影响区内景观类型由多样性向单一性演变，由完整性向破碎化转变，由连通性向阻隔性转变（下游减水河段相反）。景观生态改变的直接结果就是河流景观和林地、草地景观的价值损失。景观资源除具有生态价值之外，还具有经济价值和社会价值，在水电工程项目的概预算中并没有预算自然景观资源损失的这部分费用，因此水电工程项目开发对自然景观资源影响因子产生外部性影响，影响对象为河流、林地、草地等，影响性质为负，影响时限为施工期和运行期。

经过对自然生态环境影响因子的界定，可以识别出水电工程项目开发对自然生态环境的外部性影响评价指标，如表3-4所示。

表 3-4　自然生态环境外部性识别结果

环境影响子系统	环境影响因子	外部性特征
自然生态环境	气候资源	正外部性为主，负外部性较小
	水环境	正、负外部性
	地质环境	负外部性较小
	土壤资源	正、负外部性
	大气环境	正、负外部性
	声环境	负外部性
	陆生生物资源	正、负外部性
	水生生物资源	负外部性为主，正外部性较小
	自然景观资源	负外部性

三、环境外部性影响识别清单

（一）非外部性指标

对于已经纳入项目财务核算或者通过采取措施已经排除或控抑的指标，不再作为外部性指标考虑，这些指标包括对发电能力和供水能力的正面影响，以及对人力资本和物质资本的负面影响。

1. 发电、供水（正）

根据对水电工程项目环境影响因子的分析可知，水电工程项目开发企业可以通过收取电费、水费获取利益，因此水电工程项目开发对发电、供水的影响不属于外部性影响。

2. 人力资本（负）

根据前面分析可知，通过开展技能培训和就业指导等使搬迁安置对人力资本中人力素质的负面影响得到控抑，通过采取病媒防治、传染病防治、库区防疫等措施使对人力资本中人体健康的负面影响也得到控制，因此不考虑水电工程项目开发对人力资本的负外部性影响。

3. 物质资本（负）

根据前面分析可知，现有的补偿标准可以完全弥补移民、工矿企业、安置地居民的物质资本损失，因此不考虑对物质资本的外部性影响。

（二）外部性较小指标

水电工程项目开发对环境的外部性影响众多，其中小的、轻微的外部性影响将不再纳入外部性研究范围，这些指标包括对人力资本和水生生物资源的正外部性影响，对航运效应、区域经济、气候资源、地质环境的负外部性影响。

1. 人力资本（正）

根据前面分析可知，由于受影响群体分散，个体受益程度低，水电工程项目开发对人力资本中人力素质的正外部性影响较小，对人群健康的正外部性影响也较小，因此不再单独考虑水电工程项目开发对人力资本的正外部性影响。

2. 航运效应（负）

水电工程项目施工期间对航运的影响是短期的，对船只过闸需要消耗时间的影响较小，运行时水位变化对航运安全性的不利影响可以通过合理调度弱化，因此虽然水电工程项目开发对航运产生一定的负外部性影响，但与对航运效应产生的正外部性影响相比很小，因此计算时仅考虑水电工程项目开发对航运效应的正外部性影响。

3. 区域经济（负）

水电工程项目开发对大部分受影响的企业都进行了搬迁并给予了相应的赔偿，因此不再单独考虑项目开发对相关企业的负外部性影响。

4. 气候资源（负）

水库是否导致极端天气还有待论证，另外通过下泄生态流量，可以减小引水式电站减水河段周围气候的变化，因此不单独考虑水电工程项目开发对气候资源的负外部性影响。

5. 地质环境（负）

在项目可行性研究阶段，充分勘察地质环境，在施工过程中采取一系列的措施减少和避免相应问题，因此对地质环境因子的影响已经充分弱化，外部性不明显，可以忽略不计。

6. 水生生物资源（正）

水库为浮游生物、温水性物种、静水性鱼类提供了很好的栖息地和较大的越冬场所，为网箱养鱼提供了优良的条件，但是这些正面影响与大坝拦截，流速、水温和水质改变以及 TDG 过饱和产生的负面影响相比太小，因此在计算时忽略项目开发对水生生物资源的正外部性影响。

（三）分解合并指标

对于影响对象重叠或交叉的指标进行分解合并，以使评价结果更可靠，这些指标包括对水环境、土壤资源、声环境、气候资源和自然景观资源的影响。

1. 水环境（正、负）

水电工程项目开发对水环境产生的外部性影响中，水温变化、TDG 变化将直接影响陆生生物资源和水生生物资源，为了避免重复计算，这部分影响在陆生和水生生物资源中进行考虑，在水环境外部性影响部分仅考虑流量、水位、流速、水质和含沙量等改变产生的外部性影响。

2. 土壤资源（正、负）

施工期对土壤资源的破坏在施工中将采取各种措施进行减免，在施工后还将采取很多措施进行恢复；工程永久占地以及水库蓄水淹没土地对土壤资源的外部性影响结果为对陆生动植物的影响，在陆生生物资源外部性指标中考虑；蓄水后大面积水体改善局地气候，从而改善土壤环境，这部分外部性影响也在陆生生物资源外部性影响部分核算；蓄水后对下游土壤减少冲蚀的效益在防灾减灾外部性影响指标中考虑；水资源优化配置改善土壤环境的效益通过供水和灌溉可以获得收益。因此，虽然水电工程项目对土壤环境同时产生正外部性和负外部性影响，但是都分散在其他各外部性指标之中，不再单独考虑。

3. 声环境（负）

水电工程项目噪声对人类的影响在人力资本指标中的人体健康方面体现；噪声对陆生和水生生物的影响分别在陆生生物资源和水生生物资源中进行体现。因此不再单独考虑水电工程项目开发对声环境产生的负外部性影响。

4. 气候资源（正）

水电工程项目对气候资源的影响主要是水库水体改变局地气候引起的。局地气候改变将对陆生动植物产生直接的影响，因此把气候资源改变的影响与陆生生物资源的影响合并。

5. 自然景观资源（负）

景观生态改变的直接结果就是河流景观和林地、草地景观的价值损失。河流景观价值损失包括渔业生产价值损失、水土流失损失、清淤费用、水质净化费用和文化娱乐功能价值损失。林地、草地景观价值损失包括生产价值损失、水源涵养价值损失、拦蓄泥沙价值损失、固碳释氧价值损失、占用价值损失和恢复费用。水电工程项目开发对自然景观资源的负外部性影响都已经涵盖在对水环境、陆生生物资源和水生生物资源的影响中，不再单独考虑。

通过分析水电工程项目开发对社会文化环境、经济环境和自然生态环境产生的影响，选出四个社会文化环境外部性指标、四个经济环境外部性指标和四个自然生态环境外部性指标，如表 3-5 所示。不同电站产生的外部性影响差异较大，本书中识别出的这些指标是常规的外部性影响指标，具体分析某个电站时可以在此基础上进行进一步筛选。

表 3-5　水电工程项目开发环境外部性影响评价指标

环境影响子系统	外部性评价指标	外部性特征
社会文化环境	文化心理资本	正、负外部性
	自然资本	负外部性
	社会资本	负外部性
	文化景观	正、负外部性
经济环境	防灾减灾	正外部性
	航运效应	正外部性
	区域经济	正外部性
	电网性能	正外部性
自然生态环境	水环境	正、负外部性
	大气环境	正、负外部性
	陆生生物资源	正、负外部性
	水生生物资源	负外部性

第四节　环境外部性影响评价指标的赋值

水电工程项目开发环境外部性影响评价指标的赋值是指采用一定的度量方法量化社会文化环境、经济环境和自然生态环境外部性影响的大小，并对量化的环境外部性影响进行货币化的过程。计算结果用来表示水电工程项目开发的社会文化环境外部性价值、经济环境外部性价值和自然生态环境外部性价值，可明确利益相关者损失多少环境外部性成本，获得多少环境外部性收益，为外部性影响内部化，建设环境友好型、利益共享型水电工程提供数据支撑。

结合水电工程项目特点以及环境外部性影响识别清单，构建环境外部性影响度量评价模型：

$$E = SW + JJ + ZS \tag{3-1}$$

式中，E——水电工程项目开发产生的环境外部性影响价值，亿元；

SW——水电工程项目开发对社会文化环境产生的外部性影响价值，亿元；

JJ——水电工程项目开发对经济环境产生的外部性影响价值，亿元；

ZS——水电工程项目开发对自然生态环境产生的外部性影响价值，亿元。

一、社会文化环境外部性指标赋值

根据对社会文化环境外部性影响的界定和评价指标的选取，水电工程项目开发的社会文化环境外部性评价指标主要包括文化心理资本、自然资本、社会资本和文化景观，分别用 SW_1、SW_2、SW_3、SW_4 表示，则水电工程项目开发产生的社会文化环境外部性影响为

$$SW = \sum_{i=1}^{4} SW_i \tag{3-2}$$

（一）文化心理资本变化的外部性价值

文化心理资本变化的外部性价值是指水电工程项目开发影响移民，使他们在文化和心理上蒙受损失或享受到收益之后没有得到补偿或支付报酬的那部分价值。对于低收入地区的移民，消极的心理状态也将随着收入的增加而转变为积极的心理状态，因此收入的差距可以反映移民文化心理资本的变化。采用替代市场法中的工资差额法来计算搬迁对移民的文化心理资本外部性影响。

移民搬迁前后收入的变化可以通过自身搬迁前后对比及与安置地居民对比来体现，因为如果移民收入与安置地居民的收入差距很大，移民将心理失衡，矛盾更加突出，不利于移民的稳定。因此通过纵向对比（自身搬迁前后对比）和横向对比（与安置地居民对比）来构建搬迁导致移民文化心理资本变化的外部性价值计算模型：

$$SW_1 = R \times \alpha \times \{[I_A(x) - I_O(x)] + [I_A(x) - I_R(x)]\} \tag{3-3}$$

式中，SW_1——搬迁后第 x 年移民文化心理资本变化的外部性价值，亿元；

R——移民的总数，万人；

$I_A(x)$——有项目时，移民第 x 年的人均净收入，万元/人；

$I_O(x)$——无项目时，枢纽工程区和库区居民第 x 年的人均净收入，万元/人；

$I_R(x)$——无项目时，安置地居民第 x 年的人均净收入，万元/人；

x——从移民搬迁开始计算的年数；

α——系数，当 $I_A(x) \leqslant I_R(x)$ 时，$\alpha=1$；当 $I_A(x) > I_R(x)$ 时，$\alpha=0$。

约束条件：①现有的移民政策必须使移民的生活达到或者超过原有水平，保证不会出现搬迁后比搬迁前收入低的情况；②当移民与安置地居民完全融合在一起形成新的集体并形成多元化的文化后，不再考虑水电工程项目开发对移民文化心理资本产生的外部性影响。

以某水电站移民安置为例说明不同情况下移民文化心理的变化。假设搬迁完成时安置地居民的月平均收入为 1200 元，移民的月平均收入为 800 元，移民不搬迁情况下收入按 0.08 的比例增长，安置地居民的收入按 0.1 的比例增长。移民搬迁情况下的收入增长率是动态变化的，刚开始政府、工程开发主体等对移民提供各种政策的支持，对口支援，配套设施的修建，各种赔偿、补偿和补助的发放，使移民的收入水平增长率开始时很高，设为 0.16，随后逐渐降到与安置地居民收入的增长率相同，假设符合逻辑斯谛（Logistic）函数关系，可以计算出水电工程项目开发产生的移民文化心理的外部性价值，如表 3-6 所示。

表 3-6　水电工程项目开发产生的移民文化心理资本外部性影响

搬迁完后开始计算的年数	不搬迁情况收入/[元/（人·月）]	安置地居民收入/[元/（人·月）]	搬迁情况收入变化率	搬迁情况收入/[元/（人·月）]	文化心理资本外部性价值/[元/（人·月）]
0	800	1000	—	800	−200
1	864	1100	0.16	926	−111
2	933	1210	0.16	1071	0
3	1008	1331	0.15	1237	135
4	1088	1464	0.15	1426	300
5	1175	1611	0.15	1642	—

根据计算结果可以看出，搬迁刚完成时，项目开发对移民产生的文化心理资本外部性价值为−200 元/（人·月），搬迁完后第二年外部性价值为 0，第四年增加到 300 元/（人·月），第五年后由于移民的收入超过安置地居民的收入，外部性影响消失，不再考虑对移民文化心理的外部性影响。因此水电工程项目开发对移民的文化心理资本首先产生负外部性的影响，然后逐渐转化为正外部性的影响，最后外部性影响消失。

（二）自然资本减少的外部性价值

自然资本减少的外部性价值主要是指移民失去耕地、山林、水域、矿产、湿地等自然资本后，在现有的移民补偿安置政策和国家养老、医疗体系下没有得到补偿的那部分价值。

中国的农村社会养老保险工作于 1986 年开始探索，1991 年进行试点。2003 年底，全国有 1870 个县（市、区）不同程度地开展了农村社会养老保险工作。2009 年国务院印发了《关于开展新型农村社会养老保险试点的指导意见》（国发〔2009〕32 号）。2014 年国务院发布了《关于建立统一的城乡居民基本养老保险制度的意见》（国发〔2014〕8 号），合并新型农村社会养老保险和城镇居民社会养老保险，建立全国统一的城乡居民基本养老保险制度，参加城乡居民养老保险的人员应当按规定缴纳养老保险费，农村养老保障制度已经在全国普遍推广，移民不管是否失去土地，达到退休年龄后都可以拿到养老金，但金额偏低，国家确定的基础养老金最低标准为每人每月 100 元。如果没有失去土地等自然资本，可以靠这些自然资本维持基本的生计，但是失去土地后，失去了这部分生活来源，而且到达退休年龄后，由于无法签订劳动合同以及身体状况不佳，这些移民外出务工受到了限制，造成移民仅靠养老金维持生活，生活质量下降，产生负外部性影响。但是在采用了长期补偿的城镇化安置方式后，把静态的一次性补偿变为动态的长久逐年补偿，把生产安置费用按照政策标准一次性计算到位，按照固定的利率分年支付，直至电站运行结束，保障了移民长期的收入来源与生活稳定[105]，消除了失去耕地等自然资本带来的养老保障功能损失的负外部性影响。

根据 2009 年 7 月 2 日卫生部等五部门联合发布的《关于巩固和发展新型农村合作医疗制度的意见》（卫农卫发〔2009〕68 号），2010 年开始，农民个人缴费标准由每人每年 20 元增加到 30 元。按照国家逐步提高个人筹资水平，缩小城乡居民基本医保差距的要求，各级财政对新农合补助标准不断提高，农民个人缴费标准也不断提高。随着农村合作医疗制度的实施与完善，土地将不再具有医疗保障功能。另外根据《中华人民共和国土地法》，中国实行土地的社会主义公有制，不能继承，目前采用家庭承包制的方式使用土地，承包的期限是 30 年，到期后会延长期限或将承包权收归集体进行重新分配，因此不存在财产继承的功能。

因此，自然资本的外部性价值主要体现为自然资本就业保障功能的价值。移民失去赖以生存的自然资本就像城镇居民失业一样，因此失去自然资本带来的就业保障功能损失可以用失业保险成本衡量。采用恢复费用法，将移民领取的失业金与自然资本的平均产值之差作为水电工程项目开发导致移民失去自然资本造成就业保障功能损失的外部性价值，即

$$SW_2 = \sum_{i=1}^{m}\sum_{j=1}^{n} RL_{ij} \times (V_i - B_{ij}) \times f_1(x) \times 10^{-4} \qquad (3\text{-}4)$$

式中，SW_2——水电工程项目开发第 x 年后造成移民失去自然资本的外部性价值，
　　　　亿元；

　　　　i——失去自然资本的移民所在的区域，$i = 1, 2, \cdots, m$；

　　　　j——耕地、山林、水域、矿产等自然资本，$j = 1, 2, \cdots, n$；

　　　　RL_{ij}——第 i 区移民失去第 j 种自然资本的移民总数，万人；

　　　　V_i——第 i 区居民失业后年均可以领取的失业金，元/人；

　　　　B_{ij}——第 i 区第 j 种自然资本在基准年前三年均单位产值的平均值，元/人；

　　　　$f_1(x)$——第 x 年的取值系数，可以综合项目谈判结果与失去自然资本的移
　　　　民找工作需要的具体时间确定。

约束条件：根据《失业保险条例》第十七条规定，失业人员可以领取失业保
险金的期限最长为 24 个月，因此移民失去自然资本后对就业保障功能的外部性影
响时段也按 24 个月核算。

（三）社会资本损失的外部性价值

社会资本损失的外部性价值主要是指水电工程项目开发导致移民社会关系网
络破裂而产生的帮助支持、情感支持等损失的外部成本。采用恢复费用法，用恢
复社会资本各功能所需的市场价值表示为

$$SW_3 = T_1 + T_2 \qquad (3\text{-}5)$$

式中，SW_3——移民社会资本损失的年均外部性价值，亿元；

　　　　T_1——移民年均社会资本损失中帮助支持损失的价值，亿元；

　　　　T_2——移民年均社会资本损失中情感支持损失的价值，亿元。

1. 社会资本损失中帮助支持损失的价值

$$T_1 = f_2(x) \times H_y \times d_1 \times \bar{Z} \times 10^{-8} \qquad (3\text{-}6)$$

式中，$f_2(x)$——第 x 年的取值系数，取值范围[0, 1]，随着年份的增加越来越小；

　　　　H_y——移民中易地安置人口户数，设每户只派一人进行帮助支持，人；

　　　　d_1——移民每年互相帮助的时间，天；

　　　　$\bar{Z}$——每天的平均工资，按全国最低工资标准的平均值计，元/(人·天)，
　　　　各年全国各地最低工资标准的平均值如表 3-7 所示。

表 3-7　全国各地最低工资标准的平均值 　　（单位：元）

年份	月平均值	平均每天工资
2010	868	29
2011	996	33
2012	1121	37
2013	1287	43
2014	1385	46
2015	1523	51
2016	1598	53

2. 社会资本损失中情感支持损失的价值

$$T_2 = (4 \times H_y \times T_{21} + H_f \times T_{22} + H_f \times T_{23}) \times 10^{-8} \tag{3-7}$$

式中，T_{21}——移民回乡的路费，假设每年回家一次，元/户；

H_f——移民中分散安置人口户数，户；

T_{22}——搬迁后年均原社会关系网络维护成本的损失，取 736 元/户[119]；

T_{23}——每户移民交流情感或咨询问题的年均成本，按移动爱家套餐 58 元/户
计算。

假设：社会关系网络中的情感支持损失在当代移民去世后变得很小，则情感支持损失的计算期设为中国人口平均预期寿命与移民搬迁时的平均年龄的差值。

（四）文化景观改变的外部性价值

文化景观改变的外部性价值是指水电工程项目开发破坏省级以下涉淹文物古迹、人文景观后没有采取措施进行防护或恢复而产生的损失，以及新景观产生的水电工程项目开发企业没有获益的附加旅游价值。文物古迹和人文景观破坏造成的外部性损失无法直接计量，只能采用防护或恢复费用法根据迁建、修复和保护文化景观的费用估计一个最小值；新景观的附加旅游价值采用旅行费用法估算交通费、时间的机会成本等代替景点的附加价值[120]。

$$SW_4 = M_1 - M_2 \tag{3-8}$$

式中，SW_4——水电工程项目开发改变文化景观产生的年均外部性价值，亿元；

M_1——新文化景观每年的附加旅游价值，亿元；

M_2——原有文化景观折合到每年的迁建、修复和保护费用，亿元。

二、经济环境外部性指标赋值

根据对经济环境外部性影响的界定和评价指标的选取，水电工程项目开发的经济环境外部性评价指标主要包括防灾减灾、航运效应、区域经济和电网性能，分别表示为 JJ_1、JJ_2、JJ_3、JJ_4，则水电工程项目开发对经济环境产生的外部性影响价值为

$$JJ = \sum_{i=1}^{4} JJ_i \tag{3-9}$$

（一）防灾减灾的外部性价值

防灾减灾的外部性价值是指水电工程项目开发带来的防洪、治涝、治碱、治渍、防旱等效益中没有经过市场途径内部化的价值。水电工程项目开发的防灾减灾作用以防洪效益为主，治涝、治碱、治渍效益较小，而防旱效益可以在供水效益中体现，因此水电工程项目开发产生的防灾减灾的外部性价值主要体现为防洪效益的外部性价值。防洪效益具有潜在性，一般水文年份几乎没有效益，只有当遇到不能防御的特大洪水时才会显现[121]，因此需要计算多年平均防洪效益。多年平均防洪效益为修建水电工程项目前的多年平均损失与修建水电工程项目后的多年平均损失的差值。

多年平均防洪效益计算方法有：频率法、系列法、保险费法[122]、等效替代法、稳定财产增长法和模拟曲线法等。其中，频率法和系列法应用最广泛，但频率法计算出的多年平均损失结果偏小；系列法中实际典型年系列法需要选出代表性较好的典型系列年，人工模拟系列法[123]工作量大，而实际年系列法需要时间较长的完整实际年系列；最优等效替代法和稳定财产增长法计算出的是防洪效益总值，而不是多年平均值。实际应用中，应根据项目特点和数据的可获性选择合适的，本书简单介绍各种方法。

1. 频率法

根据洪水资料和典型损失调查资料，拟定几种洪水频率，然后分别计算出各种频率洪水"有"和"无"防洪工程情况下的洪灾损失值，并在频率纸上点绘损失曲线。"有"和"无"两条频率曲线分别与两坐标轴所包围的面积即为"有"和"无"防洪工程时的多年平均损失；两条曲线之间的面积即为多年平均防洪效益[124]，如图 3-3 所示。图 3-3 中，P_i 和 P_{i+1} 为两相邻频率；S_i 和 S_{i+1} 为两相邻频率对应的洪灾损失。

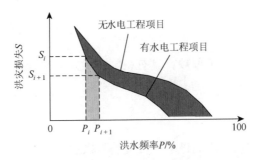

图 3-3　频率法计算多年平均防洪效益

2. 模拟曲线法

频率法不能充分考虑某些小频率洪水的损失，导致计算结果偏小，模拟曲线法考虑了大洪水防洪效益，以反比函数模拟频率曲线，以最小二乘法确定幂，再用数学期望广义积分推求多年平均防洪效益[123]。

3. 实际典型年系列法

实际典型年系列法选取一段洪水资料较完整、代表性较好并且有一定长度的实际年系列，分别求出各年"有"和"无"防洪工程情况下的洪灾损失值，取其平均损失差作为多年平均防洪效益[125]。

4. 实际年系列法

实际年系列法指根据水电工程项目防护工程范围内水文统计资料，选择洪灾资料较完整实际年系列（20 年以上），根据不同洪水流量和有关资料，分析确定淹没面积以及本区域的综合单位面积净产值，然后计算洪灾损失值。多年防洪效益即为多年平均洪灾损失[126]。

5. 人工模拟系列法

当已有的洪水系列时间太短，不足以代表多年平均值时，采用数学模型，根据实测资料的统计特性延长洪水系列时间，然后按照实际年系列法计算。

6. 保险费法

国家为了补偿洪灾损失，在每年预算中提取一定数额洪水保险费，扩大保险基金，作为补偿洪水损失预备费。水电工程项目修建后，由于洪灾损失减轻，每年需要的保险费减少，以多年平均减少保险费作为水电工程项目的多年平均防洪效益[124]。

7. 等效替代法

选择一个与拟建水电工程项目具有相同防洪效果的等效替代方案，然后把等效替代方案所需费用作为水电工程项目防洪效益。

8. 稳定财产增长法

稳定财产增长法从防洪促进生产发展的积极意义出发，分析受灾地区在防洪方案实现后，工农业生产稳定增长的净产值和防洪投资的关系，确定防洪在净产值增长中应占比例，并据此计算防洪工程经济效益。

本书采用频率法计算水电工程项目开发产生的多年平均防灾减灾的外部性价值，即

$$\begin{cases} JJ_1 = \int_0^{P_a} S' dP - \int_0^{P_b} S dP = \int_0^1 S' dP - \int_0^1 S dP \\ \int_0^1 S' dP = \sum_{P=0}^1 (P_{i+1} - P_i)(S_i' + S_{i+1}')/2 = \sum_{P=0}^1 \Delta P \overline{S}' \\ \int_0^1 S dP = \sum_{P=0}^1 (P_{i+1} - P_i)(S_i + S_{i+1})/2 = \sum_{P=0}^1 \Delta P \overline{S} \end{cases} \quad (3\text{-}10)$$

式中，JJ_1——水电工程项目开发产生的多年平均防灾减灾外部性价值，亿元；

S、S'——有无水电工程项目时的多年平均洪灾损失，亿元；

P——洪水频率；

P_i、P_{i+1}——两相邻频率；

S_i、S_{i+1}、S_i'、S_{i+1}'——有无水电工程项目时，两相邻频率的洪灾损失，亿元；

ΔP——频率差，$\Delta P = P_{i+1} - P_i$；

$\overline{S}$、$\overline{S}'$——有无水电工程项目时的平均经济损失，$\overline{S} = (S_i + S_{i+1})/2$，$\overline{S}' = (S_i' + S_{i+1}')/2$，亿元。

（二）航运效应的外部性价值

航运效应的外部性价值是指水电工程项目开发提供或改善通航条件所带来的水电工程项目开发主体没有获得的效益，可以采用对比法、最优等效替代法或综合替代法计算。

1. 对比法

把水电工程节约运输费用、提高运输效率和航运质量所获得的效益作为项目开发对航运效应的外部性影响，即

$$JJ_2 = H_1 + H_2 + H_3 \tag{3-11}$$

式中，JJ_2——水电工程项目开发提高航运效应的年均外部性价值，亿元；

　　　　H_1——年均运输费用节约效益，亿元；

　　　　H_2——年均运输效率提高效益，亿元；

　　　　H_3——年均航运质量提高效益，亿元。

1）运输费用节约效益 H_1

$$H_1 = L_y Q_{hn}(C_{hw} - C_{hy}) + \left(Q_{ht} + \frac{1}{2}Q_{hi}\right)(C_{ho}L_o - C_{hy}L_y) \tag{3-12}$$

式中，C_{hw}、C_{ho}、C_{hy}——无项目、原相关路线和有项目时的单位运费，元/(t·km)、

　　　　　　　　　　　　元/(人·km)；

　　　　L_y、L_o——有项目时和原相关路线的运输距离，km；

　　　　Q_{hn}、Q_{ht}、Q_{hi}——年均正常运输量、转移运输量和诱发运输量，亿 t、亿人·次。

2）运输效率提高效益 H_2

运输效率提高效益包括缩短旅客在途时间效益（H_{21}）、缩短货物在途时间效益（H_{22}）以及缩短船舶停港时间效益（H_{23}），计算公式分别见式（3-13）～式（3-15）。

$$H_{21} = (T_{hnp}Q_{hnp} + T_{htp}Q_{htp})b_p / 2 \tag{3-13}$$

式中，T_{hnp}、T_{htp}——正常客运和转移客运中旅客节约的时间，h/人；

　　　　Q_{hnp}、Q_{htp}——年均正常客运和转移客运中生产人员数，亿人；

　　　　b_p——旅客的单位时间价值（按人均国民收入计算），元/h。

$$H_{22} = P_{cargo}Q_{hc}T_{st} \times \frac{365}{24} \tag{3-14}$$

式中，P_{cargo}——货物的价值，元/t；

　　　　Q_{hc}——年均货物运输量，亿 t；

　　　　T_{st}——有项目时节省的年均运输时间，h。

$$H_{23} = C_{dm}T_{sd}q_s \tag{3-15}$$

式中，C_{dm}——船舶日维护费用，亿元/（艘·天）；

　　　　T_{sd}——年缩短船舶停留时间，天；

　　　　q_s——船舶数量，艘。

3）航运质量提高效益 H_3

$$H_3 = \gamma Q_{hc}P_{cargo} + P_{ha}Q_{hc}\Delta J + H_{31} \tag{3-16}$$

式中，γ——有项目时航运货损降低率；

　　　　P_{ha}——航运事故平均处理费用，可参照现有事故赔偿及处理情况拟定，亿元/次；

　　　　ΔJ——有项目时航运事故降低率，次/亿 t；

　　　　H_{31}——项目减免难行和急滩航运节省的年均费用，亿元。

2. 最优等效替代法或综合替代法

按最优等效替代项目或综合替代项目[127]所需的年费用计算，可作为水电工程航运作用替代方案的有：疏浚、整治天然航道；修建铁路、公路分流或整治天然航道和修建铁路或公路分流相结合的方案。一般情况下在运输量较小的中小型河流上，航运替代方案为采用修建公路（原为不通航的中小型河流）或整治天然河道结合公路分流（原为通航的中小河流）；在运量较大的大江大河上，航运替代方案可采用整治天然河道结合铁路分流的方案。例如：三峡工程航运替代方案经反复研究比较后，选用了"以整治川江航道扩大通过能力的水运为主，辅以出川铁路分流的方案"。

（三）区域经济发展的外部性价值

水电工程项目开发带来的区域经济发展的外部性价值是指水电工程项目开发在施工期和运行期刺激工程周边地区经济发展带来的外部效益。

水电工程项目施工期将给当地经济发展带来巨大效益，主要包括促进地区经济总量增长、带动相关产业发展、推动经济结构调整、增加政府财政收入、加快基础设施改善、促进城镇化进程和社会主义新农村建设、拉动就业、增加居民收入等。水电工程项目运行后，对项目所在区的经济刺激作用主要体现为政府税收的增加。方春阳[53]利用投入产出法计算了水电资源开发对四川省、云南省和贵州省各行业的影响，分析得出水电投资 1 万元，会相应带动四川省地区生产总值增长 4.0 万元左右的结论，但这并不完全属于外部效益。

水电工程项目带动区域经济增长的增加值主要由成本、利润和税收组成。其中，成本和利润已通过市场化途径内部化，而税收则是水电工程项目开发外部性价值的体现，如果把税收用来投资将带来更大的利润，根据中国"收支平衡，略有结余"的财政政策，仅考虑一年期的投资效益，因此把税收作为投资带来的实际收益来衡量水电项目促进地区经济总量增长、带动相关产业发展、增加政府财政收入、加快基础设施建设和促进城镇化进程的外部性价值。对于拉动就业、增加居民收入等外部性影响采用市场价值法，根据工程项目施工期提供的就业岗位来衡量。因此水电工程项目开发带动工程周边地区经济发展的外部效益为

$$JJ_3 = JJ_{3T} + JJ_{3E} \qquad (3-17)$$

式中，JJ_3——水电工程项目开发带动区域经济发展的年均外部性价值，亿元；

　　　　JJ_{3T}——水电工程项目开发带动区域经济总量增长产生的外部效益，亿元；

　　　　JJ_{3E}——水电工程项目开发在施工期拉动就业等产生的外部效益，亿元。

$$JJ_{3T} = Tax_L \times FIRR \qquad (3-18)$$

式中，Tax_L——水电工程项目开发为地方政府带来的年均税收增加值，亿元；

FIRR——财务内部收益率，反映项目实际收益率的指标（水电建设项目经济评价规范）。

$$JJ_{3E} = N_{3E} \times W_{3E} \times 10^{-8} \qquad (3-19)$$

式中，W_{3E}——水电工程项目施工期提供就业岗位的年均工资，元；

N_{3E}——水电工程项目施工期提供的就业岗数，采用就业弹性系数推算[128]。

就业弹性系数是就业人数增长率与 GDP 增长率的比值。即 GDP 增长 1 个百分点带动就业增长的百分点，系数越大，吸收劳动力的能力就越强，反之则越弱。因此可以根据就业弹性系数推算 GDP 增长带来的就业岗位数增加。

（四）提高电网性能的外部性价值

提高电网性能的外部性价值是指水电机组提供电网旋转备用和事故备用时造成发电量损失却没有得到补偿的那部分价值。采用替代工程法把水电机组替代火电机组提供旋转备用和事故备用时节约的火电机组的容量费用、年运行费用和燃煤增量费用[129]作为水电机组提高电网性能的外部性价值，如下：

$$JJ_4 = G_1 + G_2 + G_3 - E_w \qquad (3-20)$$

式中，JJ_4——水电工程项目提高电网性能的年均外部性价值，亿元；

G_1——替代方案的容量费用，亿元；

G_2——替代方案的年运行费用，亿元；

G_3——燃煤增量费用，亿元；

E_w——基准方案的年运行费用，亿元。

1. 替代方案的容量费用 G_1

替代方案的容量费用 G_1 可用式（3-21）计算：

$$G_1 = \Delta C K_H [1 + (P/F, i_1, n_1)](A/P, i_1, n_2) \qquad (3-21)$$

式中，ΔC——火电机组相应于水电机组的备用容量，kW；

K_H——火电单位千瓦投资，亿元/kW；

$P/F, i_1, n_1$——贴现率为 i_1，期数为 n_1 的复利现值系数，可查复利现值系数表；

$A/P, i_1, n_2$——贴现率为 i_1，期数为 n_2 的年金现值系数的倒数；

i_1——社会折现率；

n_1——火电站寿命，年；

n_2——水电站寿命，年。

2. 替代方案的年运行费用 G_2

替代方案的年运行费用 G_2 可用式（3-22）计算：

$$G_2 = R_v \frac{\Delta C}{\alpha} K_H - R_c (1-\alpha) \frac{\Delta C}{\alpha} K_H \tag{3-22}$$

式中，R_v——变出力运行时的运行费率；

$1-\alpha$——火电机组的最小技术出力系数；

R_c——稳定运行时的运行费率。

3. 燃煤增量费用 G_3

燃煤增量费用 G_3 可用式（3-23）计算：

$$G_3 = (1-\alpha) \frac{\Delta C}{\alpha} (365 - T_o) 24 (b_y - b_e) P_{coal} \times 10^{-14} \tag{3-23}$$

式中，T_o——电站年检修时间，天；

b_y——非额定功率下的耗煤率，g/(kW·h)；

b_e——额定功率下的耗煤率，g/(kW·h)；

P_{coal}——标煤价格，等于原煤单价×原煤低位发热量/标准煤低位发热量，
中国把每公斤含热 7000 大卡（29306kJ）的定为标准煤，元/t。

4. 基准方案的年运行费用 E_w

基准方案的年运行费用 E_w 可用式（3-24）计算：

$$E_w = A_w r_w f_w \tag{3-24}$$

式中，A_w——水电站静态投资，亿元；

r_w——水电站年运行费率；

f_w——备用容量比例。

举例说明：三峡电站建成后，为系统提供了总装机 2250MW 的容量，备用比例取 8%，则三峡电站为电网系统提供的旋转备用容量是 180MW。为方便起见，取相应替代方案的旋转备用容量为相应水电装机的 1.1 倍，即替代方案的旋转备用容量为 1.1×180＝198MW，即 $\Delta C = 198$MW。在备用容量为 198MW 的情况下，替代方案的总装机容量为 $\Delta C / [1-(1-\alpha)] = 440$MW，其中 242MW 充当强迫基荷运行。强迫基荷部分看作是原电力系统计划增加的发电量，其产出的电量不做计算，但是这部分电量由稳定运行情况变为旋转备用变出力运行情况所增加的费用却是需要计算在内的，计算投资增加量时只计算 198MW 的投资增加费用。年运行费用的增加则是整个火电机组 440MW 容量的年运行费用与 242MW 容量稳定运行年运行费用的差值。计算得出三峡工程对电网调节的年均外部性价值约为 8571.95 万元。

三、自然生态环境外部性赋值

根据对自然生态环境外部性影响的界定和评价指标的选取，水电工程项目开发的自然生态环境外部性评价指标主要包括水环境、大气环境、陆生生物资源和水生生物资源，分别表示为 ZS_1、ZS_2、ZS_3、ZS_4，则水电工程项目开发产生的自然生态环境外部性价值为

$$ZS = \sum_{i=1}^{4} ZS_i \qquad (3-25)$$

（一）水环境改变的外部性价值

水环境改变的外部性价值是指水电工程项目开发企业无法通过采取措施避免大坝上游泥沙淤积和大坝下游冲刷产生的损失，以及水电工程项目开发造成水质下降产生的外部成本和改善水质带来的外部效益。为了避免重复计算，将由于水温变化产生的外部性影响分解到陆生生物资源和水生生物资源中，将 TDG 过饱和产生的外部性影响合并到水生生物资源中进行核算。因此，水电工程项目开发造成水环境改变的外部性价值为

$$ZS_1 = V_{sy} + V_{xq} + V_{sz} \qquad (3-26)$$

式中，ZS_1——水电工程项目开发导致水环境改变的年均外部性价值，亿元；

　　　V_{sy}——大坝上游泥沙淤积的年均外部成本，亿元；

　　　V_{xq}——大坝下游冲刷的年均外部成本，亿元；

　　　V_{sz}——水质改变的年均外部性价值，亿元。

1. 上游泥沙淤积的外部成本

采用恢复费用法，把通过工程措施清除泥沙淤积产生的成本作为大坝上游泥沙淤积的外部成本，即

$$V_{sy} = P_{sy} \times Q_{sy} \times 10^{-8} \qquad (3-27)$$

式中，P_{sy}——每吨泥沙的清淤费用，按人工清理河道成本计算，取 3.1 元/t[130]；

　　　Q_{sy}——年均泥沙淤积量，根据水库运行年限以及拦截推移质和悬移质的量来计算，t。

2. 下游冲刷的外部成本

大坝下游水体含沙量减少导致河床下切、河岸冲刷、三角洲以及河岸线萎缩，

这些影响可以通过修建防护工程进行加固的方式降低影响程度。因此，可采用防护费用法测算水电工程项目造成下切的外部性损失，即

$$V_{xq} = \sum_{i=1}^{n} P_{xqi} \tag{3-28}$$

式中，P_{xqi}——大坝下游修建各类防护工程的费用，如丁坝、锁坝、潜坝、透水桩坝、网护坝、土工织物防护联坝、顺坝，以及护脚工程、护坡工程、滩顶工程等，亿元。

3. 水质改变的外部性价值

施工期和移民安置产生的污废水进行了回收利用或处理达标后排放，因此不再产生外部性影响。水电工程项目开发导致水质改变的外部性价值主要是指运行调度改变水环境容量产生的外部性价值。

大坝拦截、水库蓄水、工程运行调度等将影响水体的水质，进而改变水环境容量。水环境容量增加体现在：第一，水库蓄水后，库中水体流速减缓，滞留时间增长，水中悬浮物物理性沉降使水体浊度和色度降低；第二，水体硬度因水库中发生生物化学变化降低，减小了因碱性增加而导致水体毒性增大的可能性；第三，大坝上游水体体积增加，稀释容量增加；第四，在非汛期，大坝下游流量提高，提高了下游水体自净能力。水环境容量减少体现在：第一，库区水体流动性较低，导致其稀释能力和自净能力减弱，在排污口附近易形成持久、严重的局部污染；第二，水体透明度高，再加上较高的 N、P、K 等元素浓度，容易引起水体富营养化，导致水质恶化；第三，悬移物质沉于库底，长期累积、不易迁移，富集其上的大量重金属和难降解有毒化合物可能形成次生污染；第四，下游河流基流生态水量减少，环境容量随之降低，可能会加剧河道断面萎缩，减小下游河道径污比，使下游河流、湖泊的水环境质量恶化。

采用市场价值法，用水体水环境容量改变使水体纳污能力变化，进而导致水体防控风险的能力变化产生的外部性价值衡量水质改变的外部性价值，即

$$V_{sz} = \sum_{i}^{n} (JA_i - JB_i) \times X_i \times 365 \times 10^{-8} \tag{3-29}$$

式中，i——污染控制因子，氨氮、总磷、总氮、化学需氧量（chemical oxygen demand，COD）等；

JA_i——建库后库区水体各污染控制因子的日均水环境容量，t；

JB_i——建库前库区水体各污染控制因子的日均水环境容量，t；

X_i——各污染控制因子的单位排污量交易成本或处理成本，其中总氮的处理成本在流域层面采用生物滞留池削减总氮 40%～80% 的单位处理成本，为 500 元/t[131]。

假设：①建库前后库尾污染物入流浓度和库周污染物入库量都不变；②不考虑污染源所处位置，按水质总体达标的方法[132]计算水环境容量。

水环境容量的计算方法可分为水体总体达标及控制断面达标两种。水体总体达标计算方法是基于零维水质模型建立起来的，其计算结果与污染源所处位置无关；控制断面达标计算方法是基于一维、二维、三维模型建立起来的，其计算结果与污染源所处位置有关。本书采用水体总体达标计算法进行计算。

1）建库前库区水体水环境容量

$$JB = (C_g - C_x) \times (Q_0 + Q_{wfy}) \times 10^{-6} \quad (3\text{-}30)$$

式中，C_g——水质目标浓度值，mg/L；

　　　C_x——流经 d 距离后的污染物浓度，mg/L；

　　　Q_0——初始日均断面入流量，m^3；

　　　Q_{wfy}——运行期库周日均污废水排放总量，m^3。

假设：建库前水体中污染物浓度仅在河流纵向上发生变化，采用河流一维模型计算：

$$C_x = C_0 \times \text{Exp}(-Kd/u) \quad (3\text{-}31)$$

式中，u——河流断面平均流速，m/s；

　　　d——沿程距离，m；

　　　K——综合降解系数，1/s；

　　　C_0——初始断面污染物浓度，mg/L。

2）建库后库区水体水环境容量

建库后，河流水体流速明显减缓，库区水体由河道急流型转变为缓流型，会对该河段的水体环境容量产生影响。

$$JA = [(C_s - C_0) \times Q_0 + K \times (C_s - C_0) \times V \times 86400] \times 10^{-6} \quad (3\text{-}32)$$

式中，C_s——水质目标浓度值，mg/L；

　　　V——涉及水文条件下的水库容积，m^3。

假设：建库前后库尾水质相同，采用控制变量法计算。

（二）大气环境改变的外部性价值

大气环境改变的外部性价值是指水电替代火电减少废气排放的外部效益，以及水电工程项目在生命周期内直接或间接排放温室气体产生的外部成本。因此水电工程项目开发改变大气环境的外部性价值为

$$ZS_2 = F_1 - F_2 \quad (3\text{-}33)$$

式中，ZS_2——水电工程项目开发改变大气环境的年均外部性价值，亿元；

　　　　F_1——水电工程项目开发带来的大气环境年均补偿效益，亿元；

　　　　F_2——水电工程项目开发造成的大气环境年均破坏成本，亿元。

1. 大气环境补偿的外部效益

水电工程项目发电过程中，既不消耗水，也不污染水体，既不排放有害气体，也不排放固体废物。相比之下，火电燃煤排放大量二氧化硫、氮氧化物等废气，以及大量热水和粉尘类固体废物，给生态环境造成巨大压力。水电工程项目替代火电项目，减少温室气体排放产生效益，可以采用替代工程法或恢复费用法计算水电工程项目对大气环境补偿效益的外部性价值。

1）替代工程法

采用具有相同发电量的火电替代水电，把火电燃煤排放二氧化碳和二氧化硫等的交易费用或处理费用作为水电工程项目减少大气污染的效益：

$$F_1 = R_H \times C_{coal} \times (Q_{CO_2} \times P_{CO_2} + Q_{SO_2} \times P_{SO_2}) \times 10^{-6} \qquad (3\text{-}34)$$

式中，R_H——水电工程项目年均发电量，亿 kW·h；

　　　　C_{coal}——燃煤发电机组平均供电煤耗，按 310g/(kW·h)计；

　　　　Q_{CO_2}，Q_{SO_2}——每吨标准煤燃烧排放的 CO_2 和 SO_2 量，分别为 2.54tCO₂/ tce 和 0.024tSO₂/tce[133]，可根据基准线法和排放系数法[134] 计算；

　　　　P_{SO_2}——每吨 SO_2 的处理费用，取 600 元/t[135]；

　　　　P_{CO_2}——每吨 CO_2 的交易费用，根据受电区所在地碳交易市场的情况确定，元/t。

发电煤耗又称发电标准煤耗，指火力发电厂每发 1kW·h 电能平均耗用的标准煤量，是考核发电企业能源利用效率的主要指标。供电煤耗又称供电标准煤耗，是火力发电厂每向外提供 1kW·h 电能平均耗用的标准煤量[单位：g/(kW·h)]。两者都包含厂用电，但发电煤耗不用考虑电力传输损失，而供电煤耗则要考虑电力变压远距离传输时的损耗。2014 年 9 月，国家发展和改革委员会、环境保护部、国家能源局三部委曾联合下发《煤电节能减排升级与改造行动计划（2014—2020 年）》（发改能源〔2014〕2093 号），要求全国新建燃煤发电机组平均供电煤耗低于 300g/(kW·h)；到 2020 年，现役燃煤发电机组改造后，平均供电煤耗低于 310g/(kW·h)。

2005 年，《联合国气候变化框架公约》的第一个附加协议《京都议定书》生效后，市场机制逐渐成为控制以二氧化碳为代表的温室气体排放的重要途径。把二氧化碳排放权作为一种商品，从而形成了二氧化碳排放权的交易，简称碳交易。已形成了芝加哥气候交易所、美国洲际交易所、欧洲能源交易所等全球碳交易机构，同时区域性的碳交易市场和碳交易所也在迅速酝酿与创建中。中国于 2013 年正式启动碳交易试点，在北京、上海、天津、重庆、湖北、广东和深圳 7 地试点，2013～2015 年配额总量是 22.15 亿 t，占欧盟碳市场发放配额规模的 1/3。

根据世界银行的研究报告[136]，全球有 42 个碳税或碳交易体系已经实现了让碳排放付出成本（碳价），覆盖全球 13%的碳排放量。2015 年全球碳收入达到 260 亿美元，比上一年增长 60%。在不同的碳价机制中，通过碳税可以达到碳价最高，如瑞典的碳价高达 137 美元/t，瑞士 88 美元/t，芬兰 66 美元/t，挪威 53 美元/t，法国 25 美元/t，而欧洲碳交易市场、中国 7 个城市碳交易市场的碳价都在 10 美元/t 以下，其中北京 7 美元/t，深圳 5 美元/t，湖北 4 美元/t，天津 3 美元/t，广东、重庆、上海 2 美元/t。因此，可以根据受电区所在地的实际情况确定碳交易的单价。

2）恢复费用法

假设没有水电，在发电量相同的情况下，为了达到一定空气质量标准，需要增加减排设备，把减排设备成本及运行费用作为水电对大气环境的补偿效益：

$$F_1 = R_H \times A_T \tag{3-35}$$

式中，A_T——火电环保单位电量投资成本[137]，元/(kW·h)。

2. 大气环境破坏的外部成本

水电工程项目开发过程中，在材料的生产和运输阶段及项目的建设、运行、维护和退役阶段都将直接或间接地排放大量的粉尘、废气、烟气、悬浮颗粒以及温室气体等，而水电工程项目开发对大气环境造成的负外部性影响主要体现为温室气体排放方面，因此主要考虑温室气体排放造成的大气环境破坏成本。采用市场价值法根据碳交易的费用来衡量水电工程项目开发直接或间接排放温室气体产生的大气环境破坏的外部成本，具体如下：

$$F_2 = P_{CO_2} \times (C_M + C_T + C_C + C_{O1} + C_{O2}) \times 10^{-4} \tag{3-36}$$

式中，C_M——材料和设备在生产和制造阶段的温室气体排放量，万 tCO_{2e}；

C_T——材料和设备在运输阶段的温室气体排放量，万 tCO_{2e}；

C_C——项目建设和施工阶段的温室气体排放量，万 tCO_{2e}；

C_{O1}——电站运行维护阶段的温室气体排放量，万 tCO_{2e}；

C_{O2}——水库的温室气体排放量，万 tCO_{2e}。

1）材料设备生产阶段

材料设备生产阶段主要考虑水泥、粉煤灰、石料、燃料、金属结构和机电设备等排放的温室气体。该阶段排放温室气体的总量为各种材料和设备在生产和制造阶段的温室气体排放量之和，可以用式（3-37）进行计算：

$$C_M = \sum_i W_i \times k_i \tag{3-37}$$

式中，W_i——第 i 种材料或设备的使用量或成本，万 t；

　　k_i——第 i 种材料或设备在生产时的碳排放因子[85]，tCO_{2e}/t。

庞博慧[85]总结了水电工程所需主要材料、设备和能源在生产阶段的碳排放因子，如表 3-8 所示。可以根据主要材料、设备及能源的消耗量和相应的碳排放因子计算材料设备在生产阶段的碳排放量。

表 3-8　水利枢纽工程主要材料、设备及能源生产阶段的碳排放因子

序号	材料	碳排放因子	来源
1	堆石料	$0.002t\ CO_{2e}/t$	欧洲生命周期参考数据库（European Reference Life Cycle Database，ELCD）
2	反滤料	$0.013t\ CO_{2e}/t$	ELCD（2009）Crushed stone
3	防渗土料	$1490t\ CO_{2e}/million\ dollar$	EIO：Sand，gravel，clay，and refractory mining（2002）
4	混凝土	$0.094t\ CO_{2e}/t$	李小冬等[138]，2011
5	钢材	$2.2t\ CO_{2e}/t$	中国原子能科学研究院
6	柴油	$0.139t\ CO_{2e}/t$	平旭彤（2015）
7	汽油	$0.229t\ CO_{2e}/t$	CLCD public（2012）
8	煤炭	$2.4933t\ CO_{2e}/t$	中国工程院
9	木材	$522t\ CO_{2e}/million\ dollar$	EIO：Engineered wood member and truss manufacturing（2002）
10	爆破材料	$926t\ CO_{2e}/million\ dollar$	EIO：Spring and wire product manufacturing（2002）
11	金属结构	$640t\ CO_{2e}/million\ dollar$	EIO：Hardware manufacturing（2002）
12	机电设备	$644t\ CO_{2e}/million\ dollar$	EIO：Other engine equipment manufacturing（2002）

注：million dollar 为百万美元。

2）材料设备运输阶段

运输阶段主要考虑从生产厂家运送到工地的场外运输和建筑材料、开挖料、设备等场内运输过程中车辆耗油所排放的温室气体。可以根据耗油量和碳排放因子计算运输阶段的碳排放量：

$$C_T = W_{DT} \times k_D + W_{GT} \times k_G \qquad (3-38)$$

式中，W_{DT}、W_{GT}——材料和设备在运输阶段消耗的柴油和汽油总量，万 t；

　　k_D、k_G——柴油和汽油燃烧时的碳排放因子，采用国际通用的碳排放通量[140]，tCO_{2e}/t。

3）项目建设和施工阶段

施工阶段主要考虑各单项工程的施工能耗产生的碳排放，包括导流工程，挡水、泄水建筑物和引水发电系统。温室气体的排放主要是由于施工机械工作耗油或耗电所引起的，因此可以根据耗油量和耗电量以及相应的碳排放因子计算工程

项目建设和施工阶段的碳排放量：

$$C_C = W_{DC} \times k_D + W_{GC} \times k_G + W_{EC} \times k_E \times 10^{-3} \tag{3-39}$$

式中，W_{DC}、W_{GC}、W_{EC}——项目建设和施工阶段消耗的柴油、汽油和电的总量，万 t（电量单位为万 kW·h）；

k_E——电在使用时的碳排放因子，参考国家发展和改革委员会应对气候变化司自 2008 年开始每年发布的中国区域电网的基准线排放因子，根据计算年份和所在区域选择相应的碳排放因子，$tCO_{2e}/(MW·h)$。

为了更准确、更方便地开发符合清洁发展机制（clean development mechanism，CDM）国际规则以及中国重点领域的 CDM 项目，生态环境部应对气候变化司采用《电力系统排放因子计算工具》，根据电力系统中所有电厂的总净发电量、燃料类型及燃料总消耗量计算电量边际排放因子，再根据选定的 m 个新增机组样本的供电排放因子，以电量为权重进行加权平均计算容量边际排放因子，确定中国区域电网每年的基准线排放因子，其中 2012 年的中国区域电网基准线排放因子如表 3-9 所示。

表 3-9 中国区域 2012 年电网基准线排放因子 ［单位：$tCO_{2e}/(MW·h)$］

电网	$EF_{grid, OM, y}$	$EF_{grid, BM, y}$	k_E
华北区域电网	1.0021	0.5940	0.7981
东北区域电网	1.0935	0.6104	0.8520
华东区域电网	0.8244	0.6889	0.7567
华中区域电网	0.9944	0.4733	0.7339
西北区域电网	0.9913	0.5398	0.7656
南方区域电网	0.9344	0.3791	0.6568

注：$EF_{grid, OM, y}$ 表示 y 年减排项目所在系统的简单电量边际排放因子；$EF_{grid, BM, y}$ 表示第 y 年减排项目所在系统的简单容量边际排放因子；组合排放因子（k_E）为 OM 和 BM 的平均值。

4）电站运行阶段

水电工程项目运行期的温室气体排放主要包括两部分电站运行维护的温室气体排放，以及水库排放的温室气体。

（1）电站运行维护的温室气体排放。水电工程项目运行维护阶段的温室气体排放主要来自建筑物、生产及辅助设备的运行和修理，材料的消耗以及水库防护工程的维护，可以根据消耗的电量、燃油量，各种材料总量以及相应的碳排放因子来计算电站运行维护时温室气体的排放。由于水电工程项目运行阶段很长，运行期间的能耗数据和材料消耗数据等可能无法获得，可以采用投入产出法间接进行计算。根据电站运行期温室气体排放的相关经济成本以及百万美元经济成本对应的温室气体排放量计算电站运行维护阶段的温室气体排放量，计算公式如下：

$$C_{O1} = W_{op} \times k_{op} \times 624 \qquad (3\text{-}40)$$

式中，W_{op}——水电工程项目运行期间产生温室气体排放的经济成本，主要包括相关的修理费、材料费和水库防护工程维护费，万元；

k_{op}——根据价格指数变化，把计算年份的经济成本折算到 2002 年经济成本的系数；

624——2002 年美国 EIO-LCA 模型给出非住宅维护和修理部门一百万美元经济成本对应的温室气体排放量，tCO_{2e}/million dollar。

（2）水库的温室气体排放。运行阶段的温室气体排放主要是由于水库蓄水淹没造成的。水库导致的温室气体排放量与温度、水体停留时间、水库形状和体积、淹没植被种类和数量、水体深度、地理位置、水库年龄等有关。生物质分解是水库排放温室气体的主要来源，水库年龄和淹没植被种类、数量对生物质分解速率起关键作用[141]。

很多学者都在研究水库排放温室气体的测量方法，国际水电协会（IHA）与联合国教科文组织（United Nations Educationnel，Scientific and Cultural Organization，UNESCO）合作，在 2010 年出版了《淡水水库温室气体排放测量指南》[142]，对水库温室气体排放测量程序进行了标准化。国际能源署形成了《淡水水库碳平衡的管理》，目的在于开发测量水电站水库温室气体排放的程序和方案，尽量减少温室气体的排放。但是水库排放温室气体的测量非常复杂，需要考虑建库前和建库后的情况，并需要对大量数据进行处理，而且通常结果并不是很准确。

因此，有些学者试图通过收集大量水库的温室气体排放结果，建立模型预测某个水库的温室气体排放量，而不需要烦琐的实地测量。但是结果也存在不确定性，因为水库温室气体排放受很多复杂的场地因素的影响。Teodoru 等[143]研究了加拿大魁北克北部杰姆斯湾低地处的伊斯特梅恩 1#水库蓄水后的温室气体排放情况，结果表明水库的碳排放量从 2006 年开始蓄水时的 183tC-CO$_2$eq/(GW·h)逐步降低到 2009 年的 65tC-CO$_2$eq/(GW·h)，并预测接下来的 10～15 年后，将会降到 40tC-CO$_2$eq/(GW·h)左右。Kim 等[144]研究了加拿大北部水库的温室气体排放规律，并建立了淹水森林反消化-分解（flooded forest denitrificaton-deComposition，FF-DNDC）模型来模拟形成水库后温室气体的排放变化。Delmas 等[145]研究了法属圭亚那（Petit Saut）电站水库长期的温室气体排放量，并给出了计算公式，但该公式不适用于北方地区水库。

对于北方地区冬季结冰的水库可以采用 Teodoru 或 Kim 建立的模型，对于冬季不结冰的水库可采用 Delmas 建立的模型。Delmas 模型计算水库温室气体排放

量的公式为

$$CH_4(m) = [10.5 + 3.5\cos(2\pi/12)m]\exp{-0.015m}$$
$$CO_2(m) = 6.11CH_4(m) + 22.5 \tag{3-41}$$

式中，$CH_4(m)$——水体中溶解的甲烷含量，mg/L；

　　　m——蓄水时开始计算的月数；

　　　$CO_2(m)$——水体中溶解的二氧化碳含量，mg/L。

水电工程项目运行期间，水库的温室气体排放量可以用式（3-42）计算：

$$C_{O2} = \frac{12}{m} \times V \times 10 \times \sum_{i=1}^{m} CO_2(m) \tag{3-42}$$

式中，V——水体容积，m³。

水电工程项目在材料的生产和运输阶段、工程施工阶段将排放大量温室气体、各类废气、粉尘和悬浮颗粒物等，因此在施工期对大气环境主要产生负外部性影响。在运行期水库温室气体排放将对大气环境造成一定的负外部性影响，但是水电替代火电减少了大量二氧化硫、氮氧化物和温室气体的排放，将对大气环境产生正外部性影响，而且随着发电量的增加正外部性逐渐增加，因此运行期对大气环境主要产生正外部性影响。

（三）陆生生物资源改变的外部性价值

陆生生物资源改变的外部性价值是指水电工程项目开发直接破坏或间接影响陆生生物资源产生的外部成本，以及蓄水后改善局地气候对陆生生物资源产生的外部效益。

$$ZS_3 = U_1 + U_2 + U_3 \tag{3-43}$$

式中，ZS_3——水电工程项目开发改变陆生生物资源产生的外部性价值，亿元；

　　　U_1——工程开发占地和淹没产生的陆生生物资源外部损失，亿元；

　　　U_2——局地气候改善为库周陆生生物资源带来的外部效益，亿元；

　　　U_3——水温变化改变农作物产量产生的外部性价值，亿元。

1. 工程开发占地和淹没产生的陆生生物资源外部损失

水电工程项目开发时对枢纽工程占地、移民新址占地和淹没的耕地进行了补偿，对林地和其他土地也进行了补偿，因此不再考虑这些土地上草本和木本植物的直接使用价值，仅计算它们的服务功能价值。另外，由于陆生动物大部分可以回避，不再单独考虑项目开发对陆生动物的外部性影响。水电工程项目开发对陆生植物的服务功能价值破坏产生的外部性影响可以采用不同陆地生态系统单位面积生态服务价值计算：

$$U_1 = \sum_{i=1}^{4} A_{R(i)} \times P_{R(i)} \times 10^{-8} \quad\quad (3\text{-}44)$$

式中，$A_{R(i)}$——受水电工程项目开发影响的不同生态系统的面积，hm^2；

$P_{R(i)}$——不同生态系统的单位面积生态服务价值，元/hm^2；

i——陆地生态系统种类，主要包括森林、林地、草地、荒漠和水体等。

根据谢高地等[146]的研究，中国不同陆地生态系统单位面积生态服务价值如表 3-10 所示。

表 3-10　中国不同陆地生态系统单位面积生态服务价值表　（单位：元/hm^2）

地类	耕地	林地	草地	荒漠	水体
气体调节	442.4	3097.0	707.9	0.0	0.0
气候调节	787.5	2389.1	796.4	0.0	407.0
水源涵养	530.9	2831.5	707.9	26.5	18033.2
土壤形成与保护	1291.9	3450.9	1725.5	17.7	8.8
废物处理	1451.2	1159.2	1159.2	8.8	16086.6
生物多样性保护	628.2	2884.6	964.5	300.8	2203.3
食物生产	884.9	88.5	265.5	8.8	88.5
原材料	88.5	2300.6	44.2	0.0	8.8
娱乐文化	8.8	1132.6	35.4	8.8	3840.2
总和	6114.3	19334	6406.5	371.4	40676.4

2. 局地气候改善为库周陆生生物资源带来的外部效益

水电工程项目对陆生生物资源产生的外部效益体现在库区蓄水及河道拓宽会使大面积的陆地转化为水体或湿地。局地气候的改善可以缓冲极端气候对人类的不利影响，有助于动植物的生长繁殖。可以采用市场价值法，利用水体生态系统单位面积生态服务价值估算局地气候改善为库周陆生生物资源带来的外部效益，也可以采用生物生产力评价法计算。

1）单位面积生态服务价值法

$$U_2 = \Delta A_{water} \times P_{water} \times f_3(x) \times 10^{-8} \quad\quad (3\text{-}45)$$

式中，ΔA_{water}——建库前后水面面积之差，hm^2；

P_{water}——水生生态系统单位面积生态服务价值，元/hm^2；

$f_3(x)$——水库蓄水后第 x 年以库周典型植被为代表的植物生长率。

因为水库对陆生生物资源产生的外部效益并不是立竿见影的，而是逐步显现的，所以以库周典型植被的植物生长过程代表陆生生物资源效益的呈现过程。

2）生物生产力评价法

生物生产力是生态系统的主要功能表征，一般以绿色植物生长量表示，根据库周影响区内生物生产量的变化计算水体面积增大带来的陆生生物资源外部效益：

$$U_2 = \Delta O \times A_R \times P_G \times f_3(x) \times 10^{-8} \tag{3-46}$$

式中，O——生物年均生长量[147]，t/hm^2；

A_R——水库影响面积，hm^2；

P_G——粮食平均价格，元/t。

3. 水温变化改变农作物产量产生的外部性价值

灌溉水温是农作物生长环境的一个重要影响因素。农作物从种子发芽到成熟的各个生育期对温度的要求分为最低（下限）、最适、最高（上限）3 个指标，温度在低于下限或高于上限时，作物会停止生长或死亡。赵成[117]对国内部分地区用水库表层水和深层水灌溉对水稻产量的影响进行统计，结果表明，水库表层温水灌溉比深层冷水灌溉增产 30% 左右，高的能达 80% 以上，一般的也在 10% 以上。漆杜生[148]研究了水库表层取水（20℃）与深层取水（11～15℃）灌溉对农作物产量的影响，得出表层取水可使早稻产量每亩增产 15.7%，晚稻每亩增产 4.48% 的结论。陈先根等[149]进行用水电站排放的低温水灌溉二季晚稻和常温水灌溉的田间对比试验，结果表明，用低温水灌溉后，二季晚稻发苗慢、有效穗和穗粒数减少、结实率降低，减产 32.1%～56.5%。

因此，可以采用市场价值法中的生产率变动法，把低温水灌溉导致农作物减产的总额作为水温变化改变农作物产量产生的外部性价值：

$$U_3 = P_G \times \Delta Q_{tc} \times 10^{-4} \tag{3-47}$$

式中，ΔQ_{tc}——采用低温水灌溉前后农作物产量的年均差值，万 t。

P_G ——粮食平均价格，元/t。

水电工程项目工程施工、库盆清理、移民安置、水库蓄水、永久性工程占地、下游河道减水将直接破坏或间接影响陆生生物资源，由于陆生生物资源的生态服务价值没有得到补偿，工程开发将对陆生生物资源产生负外部性影响。水库蓄水后，改变水库周边局地气候，改善土壤环境，有利于动植物的生长和繁殖，对陆生生物资源产生正外部性影响，由于动植物生态系统的平衡需要一定的时间，因此水库对陆生生物资源产生的正外部性影响将随着水电站的运行逐步显现，最终达到最大值。

（四）水生生物资源损失的外部性价值

水生生物资源损失的外部性价值是指在采取了减缓、恢复和保护措施之后，由于认识不足或无法避免而造成水生生物资源损失的外部成本。评估水生生物资源的外部性价值，主要以水生生态系统中占主体地位的某一种或几种水生生物的经济价值来代替。因此，评估水电工程项目开发造成水生生物资源损失的外部性影响时，以鱼类资源为代表进行核算。目前尚无合适的方法计算该部分外部成本，特别是生物多样性的价值和珍稀特有鱼类的价值等更是无法估量，但可以采用防护费用法，根据关键栖息地的保护、人工增殖放流、修建过鱼设施和生态调度等替代措施产生的直接投入和机会成本以及发电量损失来估算水电工程项目开发造成水生生物资源损失的最低外部性价值：

$$ZS_4 = \sum_{i-1}^{n} FP_i \qquad (3\text{-}48)$$

式中，ZS_4——水电工程项目开发造成的水生生物资源损失的外部性价值，亿元；

FP_i——各种补救措施的直接投入、机会成本和发电量损失，亿元。

第四章　水电工程项目环境外部性影响的内部化研究

　　水电工程项目由于体量大、涉及面广，会对流域社会文化、经济和自然生态环境产生外部性影响，使外部性受益者无偿享受外部收益，外部性受损者的利益得不到弥补，不利于公平、共享、和谐、可持续地发展，解决这个问题的一个有效途径是把所产生的外部性影响内部化。水电工程项目开发环境外部性影响内部化是指水电工程项目开发过程中产生的外部成本和外部收益，应进入水电工程项目开发的决策过程，不应由第三方承担外部成本或无偿享受外部收益，应由水电工程项目开发企业和外部性受益者一起承担外部成本，与外部性受损者一起享受外部收益，从而弥补私人成本与社会成本、私人收益与社会收益的差额。

　　本章通过分析水电工程项目开发环境外部性影响的利益相关者，确定内部化的补偿主体和补偿客体，在计算出的环境外部性影响价值的基础上设计补偿标准和补偿方式，提出水电工程项目开发环境外部性影响内部化的具体模式及保障措施。通过对社会文化、经济和自然生态环境破坏者的惩罚、保护者的奖励、损失者的弥补、受益者的利益分享，保障水电工程项目开发利益相关者的合法权益，公平分享水电工程项目开发利益，消除水电工程项目开发带来的外部性影响，解决"搭便车"的问题，实现利益共享，保护自然生态环境，促进社会经济可持续发展、人与自然和谐。

第一节　利益相关者和补偿主客体确定

　　水电工程项目在开发和运行过程中，涉及社会文化、经济和自然生态方面大量的利益相关者。各相关者间利益的协调程度，将影响项目的决策和绩效。前面章节通过筛选与分析，确立了水电工程项目环境外部性影响的评价指标体系，并建立了各评价指标的度量方法。在此基础上可以构建外部性影响评价指标的内部化模式，但是首先需要对各外部性影响指标涉及的利益相关者做出辨析，然后从利益相关者中识别出外部性的补偿主体和补偿客体。利益相关者辨析和补偿主客体识别是水电工程项目开发环境外部性影响内部化的基础，明确相关者的利益和补偿主客体的权利、责任和义务是内部化的前提。

一、利益相关者

水电工程项目面临复杂的社会环境，涉及的群体和组织由不同部门和行业组成，各自有不易协调的目标和利益诉求，中国特色社会主义市场经济快速发展产生的资源、环境、公共关系等矛盾日益显著，分析和解决这些利益关系对化解矛盾及水电工程项目环境外部性影响的内部化有重要的作用。

国内外学者从不同角度研究了水电工程项目利益相关者的关系。Leonard B Lerer 从水库工程对居民影响的角度研究了水库工程的社会效应，研究对象为移民、安置地居民和下游区居民[150]。王文珂根据专用性投资、承担的经营风险、与企业活动的关联性、水电工程项目开发的特殊性四个标准把水电工程项目开发企业的利益相关者分为投资者、政府行业主管部门、银行等债权人、管理者、公司员工、环保部门、移民、地区居民等[151]。樊启祥按照水电工程项目不同要素的投入、不同效益的分享，把工程项目的利益相关者简化为开发企业代表、政府代表、移民代表和环境代表四类[39]，其中开发企业代表包括股东、债权人、管理层和员工；政府代表包括中央政府和当地政府；移民代表包括淹没区移民和安置区居民；环境代表包括环境保护组织、政府环境保护监管机构和非政府保护组织。张畅和强茂山从投入要素视角，把水电工程项目的利益相关者分为政府、居民、项目开发相关企业和环境代表四类[80]，但是他们并没有分析水电工程项目产出的利益相关者。国际大坝委员会通过研究提出，大坝的主要利益相关者包括地方政府、公民社会群体、受影响的人群组织、专业协会、双边帮助机构和多边发展银行等。Freeman 为利益相关者提出了一个经典的定义：利益相关者是指能够对组织目标的实现产生影响或受到组织目标实现影响的任何个体及组织[152]。因此在分析水电工程项目外部性影响的利益相关者时，既应分析水电工程项目开发影响的对象，也应分析影响水电工程项目开发的对象，而且这些影响应该是没有通过市场手段或制度设计；或虽然通过市场手段处理，但市场交易或竞争不公平；或虽然通过制度设计，但制度设计不合理，即现有状况下没有内部化的影响。

综合以上文献分析并根据社会绩效理论，把水电工程项目开发环境外部性影响的利益相关者分为政府、企业、居民、自然生态环境和民间组织五大类。不同类型的利益相关者对于水电工程项目开发项目的影响以及受到水电工程项目开发项目影响的程度不同。

（一）政府

政府是公共资源的所有权管理者和公共服务的提供者，在水电工程项目中，肩负审核、监管企业活动，协调利益各方关系，制定与执行政策法规，转移支付等义务，因此是主要的利益相关者。水电工程项目开发外部性影响涉及的政府包括中央政府、工程占地和淹没区地方政府、工程周边地区地方政府、替代生境区地方政府、下游区地方政府、安置区地方政府和受电区地方政府。

1. 中央政府

中央政府投入的主要要素包括水资源、土地资源和行政成本。首先，水资源是水电工程项目开发的核心要素之一。根据《中华人民共和国水法》，水资源属于国家所有，由国务院代表国家行使对水资源的所有权。因此，中央政府投入的首要要素为水资源。其次，土地资源是水电工程项目开发的又一关键要素。中国的土地实行公有制，分为全民所有制和劳动群众集体所有制两种形式。再次，在水电站开发过程中，中央政府还投入了数额庞大的行政成本，既包括政府为履行对公共事务的决策、协调、监管、执行、服务职能而消耗的人力、物力、财力等直接成本，又包括政府为减少水电工程项目开发所带来的负外部性影响而采取的专门措施的间接成本。

中央政府在投入三大要素的同时，还将受益于水电工程项目的产出要素。水电工程项目的开发可以提供大量清洁、廉价的电力，刺激区域经济和宏观经济发展，优化经济结构，节约化石资源，改善国家能源结构，增加国家财政收入，如增值税、个人所得税、资源税等。此外水电工程项目开发对国家宏观经济的发展还有一些间接的贡献，如促进人口合理分布和加速城市化的进程，促进农村人口的集中有利于社会主义新农村建设，带动建材、加工、机电等产业的发展，克服经济瓶颈，促进均衡的发展，有利于土地的增值，促进技术进步，提高产业国际竞争力等。中央政府开发水电的决策为其带来外部效益，因此中央政府是主要的利益相关者。

2. 工程占地和淹没区地方政府

工程占地和淹没区地方政府投入的要素与中央政府类似，也是水资源、土地资源和行政成本。首先，《中华人民共和国水法》规定，农村集体经济组织的水塘和由农村集体经济组织修建管理的水库中的水，归各该农村集体经济所有。水电工程项目开发将淹没部分水塘和原有小型水库，因此，水资源是地方政府的一个投入要素。其次，枢纽工程永久占地、施工区临时占地和库区淹没的土地资源中，除了"全民所有"的土地资源之外，都属于农村"劳动群众集体所有"，主要包括宅基地、自留地、自留山等土地，因此工程占地和淹没区地方政府投入的第二个要素为土地资源。再次，与中央政府相同，工程占地和淹没区地方政府也要投入大量的行政成本，主要包括移民组织、管理、搬迁，安置时消耗的人力、物力、财力等。虽然工程占地和淹没区地方政府得到了一定的补偿，但自从工程规划开始，工程占地和淹没区的社会经济发展就处于停滞的状态，这部分损失是没有得到补偿的，被动承担外部成本使工程占地和淹没区地方政府成为主要的利益相关者。

3. 工程周边地区地方政府

工程周边地区地方政府受益于水电工程项目开发的产出要素——刺激相关产业发展、改善投资环境、拉动就业、带动区域经济发展、增加税收、加快当地城镇化建设、优化区域的经济结构等。水电工程项目，特别是大型水电工程项目的开发建设对当地以及相关地区社会经济发展具有明显的促进作用。工程周边地区地方政府无偿享受区域经济发展的外部效益，因此是主要的利益相关者。

4. 替代生境区地方政府

为了降低水电工程项目开发对生物资源，特别是水生生物资源的负面影响，政府和水电工程项目开发企业等将为生物资源寻找替代生境区，替代生境区一旦划定，则失去了开发和发展经济的机会，因而损失了发展机会所带来的效益。替代生境区地方政府被迫承担水电工程项目开发的外部成本，因此是主要的利益相关者。

5. 下游区地方政府

下游区地方政府受益于水电工程项目的产出要素——防灾减灾。水电工程项目调节径流，减少下游洪涝灾害，进而减少下游区企业和相关产业损失，从而减少政府的税收损失，同时还可以减少政府因洪灾及灾后重建造成的人力、物力、财力等行政成本。另外，下游区地方政府还要间接地投入水资源和土地资源等自然资本。大坝拦截径流，使下游河流和湖泊萎缩、地下水位下降、地面下沉、沿海地区海水入侵、土壤盐碱化加重；含沙量减少还将造成下游河道下切，使下游洪泛区湿地、三角洲和海岸线萎缩，生物栖息地部分丧失；河流连通性降低，使农田灌溉用水及生产生活用水受到影响。下游区地方政府无偿享受防灾减灾带来的外部效益，同时又承担水文情势改变带来的外部成本，因而下游区地方政府是主要的利益相关者。

6. 安置区地方政府

安置区地方政府投入的要素主要包括自然资本（安置时的土地资源）和物质资本（公共基础设施），同时还享受产出要素物质资本的效益。根据外部性影响指标筛选过程可知，随着基础设施投入的增加、灌溉设施的完善以及新技术的引入，单位土地产值将会得到提高，自然资本和物质资本的损失可以得到弥补，因此安置区地方政府不作为水电工程项目开发环境外部性影响的利益相关者考虑。

7. 受电区地方政府

受电区地方政府受益于水电工程项目提供的清洁、廉价的电力资源及其对经济增长的贡献，以及替代火电减少二氧化碳、硫化物、粉尘等排放所作出的贡献。水电工程项目运行后，为受电区输送清洁、廉价、优质的电能，提供生活、生产用电，满足用电地区经济增长对电力的需求，促进受电区企业和相关产业发展，巨额的电力回报为受电区政府财政开辟新的税源，增加政府的财政收入。同时水电代替火电可以减少温室气体及粉尘等污染物的排放，有利于改善大气环境，进而改善投资和居住环境，促进经济的良性增长，使受电区地方政府从各方面受益。受电区地方政府无偿享受清洁廉价水电带来的经济环境和生态环境外部效益，因此是主要的利益相关者。

（二）企业

与水电工程项目开发和运行相关的企业主要包括水电工程项目开发企业、工程占地区和淹没区、工程周边地区、替代生境区、下游区、安置区以及受电区的企业。

1. 水电工程项目开发企业

水电工程项目开发企业取得流域开发权，破坏局部生态环境，改变河流自然属性；水电工程运营后为企业和居民提供清洁、价格低廉的生产和生活用电，增加政府税收，促进区域经济的发展与转型，水电工程项目开发企业开发水电在带来外部效益的同时，也产生外部成本，因此是主要的利益相关者。

2. 工程占地区和淹没区企业

"封库令"的颁发、电站施工和水库蓄水，将对相关地区企业的发展产生负外部性影响，工程占地区和淹没区企业承受水电工程项目开发的外部成本，是利益相关者。

3. 工程周边地区企业

工程施工期刺激区域经济的发展，为工程周边地区的相关企业带来发展的契机，开采业（采砂、采矿业）、制造业、加工业、交通运输业、餐饮业、休闲文化和旅游业等相关企业得到飞速发展。工程周边地区企业享受水电工程项目开发的外部效益，是利益相关者。

4. 替代生境区企业

替代生境区企业的发展因水电工程项目开发受到限制，因而损失了发展机会所带来的收益，由于承受水电工程项目开发的外部成本，因此是水电工程项目开发的利益相关者。

5. 下游区企业

水电工程项目建设后，下游防灾区企业的发展得到了稳定性保证，解决了洪灾的后顾之忧；下游减水区企业的发展受到了限制，因此下游区企业也是利益相关者。

6. 安置区企业

安置区企业可以借助移民搬迁安置的契机得到政策支持、资金投入等，使其发展得到保证，因此是利益相关者。

7. 受电区企业

电力是一种商品，影响社会的稳定性和投资环境。对于快速增长的经济来说，如何避免电力短缺已成为一个重要问题。产业的集聚化可以形成具有很大竞争力的块状经济，但是同时需要大量的电力资源。低廉、优质、充足的水电资源，解决了受电区企业生产用电的后顾之忧，保证这些企业可以稳定地发展，因此受电区企业也是利益相关者。

（三）居民

水电工程项目施工和运行对很多居民产生影响，主要包括移民、工程周边地区居民、替代生境区居民、安置区原住居民、下游居民和受电区居民等。

1. 移民

移民受水电工程项目开发的影响巨大，他们的投入要素包括文化心理资本、物质资本（固定财产）、自然资本（淹没土地的使用权）、人力资本和社会资本。移民被迫承担水电工程项目开发的外部成本，是水电工程项目开发的主要利益相关者。

2. 工程周边地区居民

工程周边地区居民可以享受教育机会增加、人力素质提升、收入增加等外部效益，同时又承受身体健康、文化冲突等外部成本，因此工程周边地区居民是水电工程项目开发的利益相关者。

3. 替代生境区居民

替代生境区居民丧失了经济发展的机会以及从事某些职业带来的收益，由于没有得到补偿，因此也是水电工程项目开发的利益相关者。

4. 安置区原住居民

安置区原住居民要与移民共享土地等自然资源和公共基础设施，使安置区人均经济资源拥有量因移民的迁入而有所降低，同时也会对安置区原住居民的生活、心理、文化等许多方面产生无形的影响。现有的移民安置政策、政府和企业对安置区建设的投入和优惠政策，为安置区原住居民的生活水平提高带来了新的发展机会。因此，安置区原住居民也是水电工程项目开发的利益相关者。

5. 下游居民

水文情势的改变使下游居民失去赖以生存的生计资源，进而影响下游居民的生活质量；同时径流调节减少洪涝灾害，又可以减少下游居民的洪涝损失。因此下游居民也是水电工程项目开发的利益相关者。

6. 受电区居民

受电区居民利用廉价、优质的电力资源，生活水平及生活质量稳步提高，同时大气环境的改变使他们的居住环境得到改善，身体健康得到保障。因此受电区居民也是水电工程项目开发的利益相关者。

（四）自然生态环境

水电工程项目开发改变水环境、大气环境、土壤环境、声环境、河流形态和地质环境等自然环境。水电工程项目施工直接破坏陆生生物资源和水生生物资源，同时水库蓄水淹没大量土地，破坏陆生生态环境，使动植物失去原有栖息地，迫使它们改变生活习性，并增加物种间竞争力，对生物多样性产生一定影响。大坝拦截改变天然径流，改变河流水文环境，河流流速降低、水温分层、含沙量降低、水质改变、下游流量改变，对水体中水生生物产生不可逆转的影响，同时还将改变物种、种群的分布和数量，降低水生生物多样性。

水环境、大气环境、陆生生物资源和水生生物资源都是水电工程项目开发环境外部性的直接影响对象，陆生生物资源和水生生物资源更是外部性影响的直接承受者，生物多样性保护和生态系统的可持续性都是外部性影响内部化的核心目标，因此自然生态环境是水电工程项目开发环境外部性影响的利益相关者。

（五）民间组织

民间组织是对社会团体、民办非企业单位和基金会的总称。民间组织在经济建设、社会发展和生态环境保护等领域发挥着重要的作用。按照世界银行等国际多边机构的做法，民间组织在水电工程项目的规划、施工、运行和退役阶段都可以发挥积极的作用，因此民间组织是水电工程项目开发的利益相关者。

综上所述，水电工程项目开发环境外部性影响的利益相关者主要为中央政府和工程占地和淹没区、工程周边地区、替代生境区、下游区、安置区和受电区的政府、企业、居民和自然生态环境，以及民间组织。

二、补偿主客体

水电工程项目不同利益相关者的利益诉求不同，各自承担的责任和应获得的权益也不同。按照外部性产生方与接受方的利益关系，通过对利益相关者权责进行分析，可以把水电工程项目开发环境外部性影响的利益相关者分为补偿主体与补偿客体，它们之间相互影响、相互作用，通过全面权衡，以一定的补偿方式可以实现水电工程项目开发环境外部性影响的内部化，使各主体利益协调一致。

（一）外部性影响内部化的补偿主体

外部性影响内部化的补偿主体是指外部性影响内部化过程中提供补偿的对象，即在水电工程项目开发过程中产生了负外部性影响或得到了外部性收益后应提供补偿的各方，主要包括水电工程项目开发负外部性影响的产生者、正外部性影响的受益者和民间组织，如表 4-1 所示。

表 4-1　水电工程项目开发环境外部性影响内部化的补偿主体

补偿主体类型	补偿主体	
负外部性产生者	水电工程项目开发企业	
正外部性受益者	政府	中央政府
		工程周边地区地方政府
		下游减灾区地方政府
		受电区地方政府
	企业	工程周边地区企业
		下游防灾区企业
		受电区企业

续表

补偿主体类型		补偿主体
正外部性受益者	居民	工程周边地区居民
		下游居民
		受电区居民
民间组织		社会团体
		民办非企业单位
		基金会

1. 负外部性产生者

水电工程项目开发企业开发水电工程项目将淹没大量土地，破坏原有生态系统，影响生物多样性，产生大量移民。即使在采取系统的环境保护措施和有效的移民安置政策后，自然生态系统，特别是水生生态系统仍将遭到破坏，一些潜在的移民问题也尚未得到圆满的解决。依据"谁开发谁保护、谁损害谁修复"的原则，水电工程项目开发企业是水电工程项目开发环境负外部性影响的产生者，因此是外部性影响内部化的重要补偿主体。水电工程项目开发企业有义务对区域生态环境和移民进行持续补偿，以尽量恢复区域生态服务功能，确保移民后续发展需求。

2. 正外部性受益者

依据"谁受益谁补偿"的原则，水电工程项目开发环境外部性影响的受益者也应作为补偿主体，主要包括相关地区政府、企业和居民。中央政府、工程周边地区地方政府、下游区地方政府和受电区地方政府既作为水电工程项目开发外部效益的直接受益者，又作为公共利益的代言人，是最佳的补偿主体；工程周边地区企业、下游减灾区企业、受电区企业从水电工程项目开发过程中获得了外部效益，企业的发展得到了保证，因此这些企业应作为水电工程项目开发环境外部性影响内部化的补偿主体；工程周边地区居民、下游居民是水电工程项目开发外部性影响的经济受益者，受电区居民是水电工程项目开发外部性影响的生态和经济双重受益者，虽然受益程度较小，但也应作为补偿主体。

3. 民间组织

民间组织通过自筹和募捐等形式筹集资金，用于开展水电开发地区生态环境保护或改善移民安置地环境等，因此，民间组织可以成为水电工程项目开发环境外部性影响内部化的补偿主体。

（二）外部性影响内部化的补偿客体

外部性影响内部化的补偿客体是指外部性影响内部化过程中接受补偿的对象，即在水电工程项目开发过程中提供了外部效益或受到了外部损失后应得到补偿的各方，主要包括水电工程项目开发正外部性的提供者和负外部性的受损者，可以是受影响的政府、企业和居民，也可以是受影响的自然生态环境，如表 4-2 所示。

表 4-2　水电工程项目开发环境外部性影响内部化的补偿客体

补偿客体类型		补偿客体
正外部性提供者		水电工程项目开发企业
负外部性受损者	政府	工程占地和淹没区地方政府
		下游减水区地方政府
		替代生境区地方政府
	企业	淹没区企业
		下游减水区企业
		替代生境区企业
	居民	淹没区居民
		下游减水区居民
		替代生境区居民
	自然生态环境	环境敏感区
		河流生态系统

1. 正外部性提供者

水电工程项目开发企业作为外部环境效益和经济效益的产生者，理应作为补偿客体，得到一定的激励性补偿，使其更加主动积极地保护水电工程项目开发区域的自然生态环境。但是水电工程项目开发企业已经通过收取电费获得了很大的利润，因此水电工程项目开发企业应作为虚拟的补偿客体，把得到的激励性补偿通过建立基金、建设环保项目、进行教育或技术补偿等多种方式进行转移支付，主要用于水电工程项目开发利益共享和自然生态环境的恢复和保护。

2. 负外部性受损者

外部经济的利益受损者主要包括受水电工程项目开发负外部性影响的工程占地和淹没区、下游减水区和替代生境区的政府、企业和居民，以及自然生态环境本身，他们都应作为补偿客体，接受补偿。

自然生态环境主要指施工影响区、淹没区、安置区、下游减水区及其周边区域的自然生态环境。以恢复生态服务功能为目的，自然生态环境的具体补偿对象主要包括环境敏感区和河流生态系统两类。

1）环境敏感区

水电工程项目开发规划河段可能分布有自然保护区、水源保护区、森林公园、湿地公园、地质公园、风景名胜区等环境敏感区，工程项目的建设将对其产生不同程度的影响。虽然规划环评和项目环评将拟定相应的环境保护对策措施，但电站永久占地和水库蓄水淹没涉及上述环境敏感区，增加了各环境敏感区管理部门的工作投入，因此，应对上述环境敏感区进行补偿，如每年拿出一定量的资金用于环境敏感区生态建设，补偿环境敏感区管理的额外支出等。

2）河流生态系统

纵观中国水电工程的环境保护效果，从生态系统服务功能的角度来看，水电工程对陆地生态系统的修复补偿效果较显著，但受限于河流生态系统服务功能的复杂性和河流生态系统修复措施实施的困难性，河流生态系统的生态补偿效果还不明显。因此，在采取了规划环评和项目环评中提出的环保措施之后，应对河流生态系统进行长期的补偿。

综上所述，水电工程项目开发对环境产生外部性影响的补偿客体主要有两类，其中正外部性提供者——水电工程项目开发企业，仅应作为虚拟的补偿客体，把接收到的补偿以某种方式转移支付，用来补偿环境外部性利益受损者和自然生态环境本身。因此，水电工程项目开发对环境产生外部性影响的补偿客体实际只有一类，就是负外部性受损者，即水电工程项目开发利益共享和水电绿色发展所指向的对象。

第二节　内部化模型的构建

水电工程项目开发涉及的利益相关主体众多，由于水资源属性、利益主体特点、市场缺陷、政府缺陷以及当前认识不够充分或者难以采取措施，导致水电工程项目开发产生较大的环境外部效益和环境外部成本。在实践中，往往强调水电工程项目的负外部性影响，要求水电工程项目开发企业在开发水电时，落实生态环境保护措施，保护移民的利益，长期以来对水电工程项目开发的正外部性影响重视不够。水电工程项目开发的投资回报主要来自发电、供水和灌溉等内部收益，而节能减排、刺激区域经济发展、改善局地气候等外部收益都作为社会效益无偿提供，这种做法在短期内可行，长期如此不利于水电可持续发展，不利于外部性受损者的补偿，也不利于自然生态环境的恢复和保护，更不利于水电工程项目开发利益共享目标和生态文明建设目标的实现。

为了促进水电工程项目开发利益共享、恢复自然生态系统的功能，保护自然生态环境，根据外部性理论，应对这些外部性影响进行内部化处理，使外部性受益者也分享其外部收益，通过确定合理的内部化标准，使补偿主体（外部性受益者）在其可承受的能力范围内对补偿客体进行补偿，使环境外部性利益受损者的损失得到足够的弥补，保证移民安居乐业，促进自然生态环境恢复和保护。虽然可以采用第三章中的外部性影响价值作为补偿标准，但在实际操作中，由于补偿额度还受到补偿主体的支付能力和支付意愿等限制，因此很难完全按照外部性影响价值来实施。

一、动态内部化补偿标准的构建

补偿标准是水电工程项目开发环境外部性影响内部化的基础，与补偿主体的受益性质、受益程度、对环境外部性影响的认识水平、内部化补偿的效果、将来继续受益的预期程度以及当地的经济发展水平、收入水平密切相关。如果补偿标准过低或没有补偿，则将造成负外部性受损者的损失得不到弥补，正外部性受益者无偿享受水电工程项目开发的外部收益，正外部性提供者的积极性被泯灭，使市场资源配置不能达到帕累托最优，经济活动参与者总体福利受损；如果补偿标准超过补偿主体的支付能力，不仅会影响受益地区和受益者自身的经济发展，还可能导致补偿主体采取多种手段逃避内部化补偿，不利于水电工程项目开发环境外部性影响内部化的顺利进行，也不利于可持续发展。

另外，在不同的区域和不同的时间阶段，水电工程项目开发环境外部性影响内部化补偿主体的发展状态是不一致的，例如，水电工程项目周边地区可能是偏远的山区，项目下游区可能是一些中小城市，而受电区则是繁华的大都市。此外大型水电工程项目的设计使用年限一般在一百年以上，而从水电工程项目施工开始就产生环境外部性影响，在一百多年的时间里，各区域在不同的阶段，发展状态也是不一致的。无论纵向相比还是横向相比，不同时段不同区域的补偿标准都应该是不同的。因此，水电工程项目开发环境外部性影响内部化的补偿标准应该是一个动态的标准，在不同地区相同时段和相同地区不同时段都应不同。

本书从正外部性受益者补偿主体的角度出发，基于水电工程项目开发产生的环境正外部性影响价值和补偿系数构建环境外部性影响内部化的动态补偿标准模型，如下：

$$CS_t = \sum_{j=1}^{n}[(EP_{tj}, I_{tj}), EP_{tj}] \tag{4-1}$$

式中，CS_t——水电工程项目开发第 t 年产生环境外部性影响后，受益区补偿主体应提供的补偿标准，亿元；

EP_{tj}——水电工程项目开发第 t 年对第 j 区补偿主体产生的外部效益，亿元；

I_{tj}——水电工程项目开发第 t 年第 j 区补偿主体的补偿系数。

　　该补偿模型是一个补偿标准区间，区间的最大值为 EP，即补偿主体在水电工程项目开发过程中获得的外部效益，在施工期主要由区域经济外部效益构成，在运行期主要由区域经济、电网性能、航运效应、水环境、大气环境和陆生生物资源等外部效益构成。补偿标准区间的最大值是享受外部效益的补偿主体把全部外部收益拿出进行补偿的情况，显然仅能作为一个极大值进行处理，实际补偿值还受很多其他因素的影响。补偿标准区间的最小值是最大值 EP 与补偿系数 l 的乘积，补偿系数与外部性影响内部化补偿主体的发展状况、支付能力和支付意愿有关，在 0~1 变化，用来确定在特定的发展阶段，为了实现利益公平分配，合理补偿外部性受损者的利益损失，补偿主体应该支付的最低补偿额度。在补偿标准区间内进行内部化补偿，可以为有效消除水电工程项目开发带来的负外部性影响提供资金保障，保证外部性受益者在其支付能力范围内分享其外部收益，同时还刺激水电工程项目开发企业的积极性，使水电工程项目开发企业与外部性受益者一起为外部性受损者提供补偿，推动社会经济可持续发展、促进人与自然和谐发展。

二、动态内部化补偿系数的确定

　　随着经济的发展、社会的进步、生活水平的提高以及环保意识的不断增强，人们对其享受到的外部效益的支付意愿和支付能力也不断提高。这种认识过程和支付意愿表现为 S 形曲线，符合 S 形皮尔生长曲线的变化趋势。因此可以采用皮尔生长曲线模型来探讨人们对其享受到的外部效益的支付意愿和能力。皮尔生长曲线的简化形式[153]如下：

$$l = \frac{1}{1 + e^{-t}} \qquad (4\text{-}2)$$

式中，l——与人们对其享受到的外部效益的支付意愿和能力有关的社会发展阶段系数，$l \in (0, 1)$；

　　　　e——自然对数的底；

　　　　t——某一时间。

从式（4-2）可以看出，当 $t \to -\infty$ 时，$l = 0$，社会生产发展水平很低，人们对其享受到的外部效益的支付意愿和能力为零；当 $t \to +\infty$ 时，$l = 1$，此时社会生产发展水平极高，人们对其享受到的外部效益的支付意愿和能力水平达到饱和，即实际享受到的外部效益有多少，人们就愿意补偿多少。从变化趋势和 l 的取值范围来看，该模型都能代表人们对其享受到的外部效益的支付意愿和能力。

　　对社会经济发展水平和人民生活水平的量化，可以采用恩格尔系数来衡量。恩格尔系数（Engel's Coefficient）是食品支出总额占个人消费支出总额的比重，是国际通用的衡量居民生活水平的一个重要指标，一般随着居民家庭收入和生活水平的提高而下降[154]，取值范围为（0，1）。食品是人类生存的必需品，自然生态环境也是人类生存的必需品，为了保证自然生态环境质量，得到更多的环境外部效益，人类必须拿出一部分利益对外部效益的产生者和外部性损失的承受者进行补偿，以实现可持续发展的良性循环。恩格尔系数在很大程度上可以反映生活水平的高低，因此本书采用恩格尔系数来构建内部化的补偿系数。

参照牛海鹏在研究耕地保护的外部性及其经济补偿时的做法，把恩格尔系数倒数的变换关系作为横坐标，同时加入调整系数；把表征支付意愿和能力相对水平的发展阶段系数作为纵坐标，构建水电工程项目开发补偿主体的补偿系数。

$$I_t = \frac{1}{1 + e^{-\left(\frac{1}{En_t} - 3\right)}} \qquad (4\text{-}3)$$

式中，En_t——第 t 年的恩格尔系数。

该补偿系数是指补偿主体（外部性受益者）获得环境外部收益后应该支出的补偿标准，补偿后既不会影响补偿主体自身的经济发展，还可以为受损者提供适当的补偿，使其发展得到保障，使自然生态环境得到恢复。通过引入恩格尔系数表征的内部化补偿系数，将正外部性受益者的发展状况、支付能力和支付意愿等纳入内部化补偿标准模型中，可调节不同阶段的最低补偿标准，更切合实际情况并具有可操作性。

第三节　内部化的原则、模式与途径

一、内部化的原则

水电工程项目一般规模大，施工周期长，整个建设过程涉及淹没区、安置区、替代生境区、下游区、受电区等区域的政府、企业、居民和自然生态环境等多方面利益主体，超出了一般的成本-收益分析框架，会产生较强的外部性影响。只有把外部性影响内部化才能实现资源的有效配置，使社会整体福利最大化。在进行水电工程项目开发外部性影响内部化时，既要调动社会各方的积极性，保护各利益相关者的利益，又要坚持经济效益与社会效益和生态效益并重，实现以人为本、生态优先，社会、经济和环境全面协调可持续发展，这是构建水电工程项目环境外部性影响内部化模式与途径时应遵循的基本原则。具体包括帕累托最优原则，公平原则，谁开发谁补偿、谁受益谁补偿、谁破坏谁恢复原则，可持续发展原则，广泛参与原则和灵活性原则。

（一）帕累托最优原则

帕累托最优的定义为在整个社会中，在一部分人福利不受损的情况下，无法使其他人的福利增加，那么整个社会福利为最大化，资源为最优化配置。帕累托最优也可以看作无法再进行帕累托改进（不使任何人状况变糟，使得至少一个人状况变得更好），帕累托改进是达到帕累托最优的路径和方法。水电工程项目环境外部性影响内部化的过程就是帕累托改进的过程，最终达到既可以满足政府全局性调控的利益诉求，又可以实现水电工程项目开发者的利益要求，同时还要维护搬迁移民的合法利益并满足保护生态环境的需求的目的。通过水电工程项目环境外部性影响内部化，不仅可以实现移民生活水平的提高，使生态环境恢复或更优，还可以协调享受到区域经济发展、防灾减灾、航运性能提高等效益的工程周边地区和下游地区与为此付出成本进行工程建设的库区，以及送电区与受电区之间的利益关系，最终使各利益相关者实现共赢。设计水电工程项目环境外部性影响内部化机制的初衷，就是通过一系列帕累托改进实现帕累托最优，提高资源配置效率和社会总体福利水平。

（二）公平原则

水电工程开发项目涉及众多利益主体，每一方都有自己的利益诉求，因此外部性影响内部化时必须坚持公平原则，否则将对社会稳定和生态环境带来负面影响，不利于可持续发展。一般来说，生态补偿的公平性原则包括代内公平原则、代际公平原则和自然生态公平原则。

（1）代内公平原则。代内公平原则是指协调好国家、水电工程项目开发区域的地方政府、企业和个人之间的利益。长期以来，中国库区移民和库区生态保护工作困难重重，一方面是由于市场机制对移民经济利益、库区社会效益和生态效益、水电工程项目开发者及相关受益者机会成本的调节无力；另一方面，制度和法律不能完全适应情况差异较大的水电工程项目，市场失灵和政府失灵的更深层次原因是没有维护负外部性受损者的利益，没有要求正外部性受益者承担义务。因此，设计水电工程项目环境外部性影响内部化模式时要以公平原则为指导，保证不同主体公平分享水电工程项目开发的收益。

（2）代际公平原则。代际公平原则是指要兼顾当代人与后代人的利益，消除前代对后代、当代对后代的不利影响。为了避免这一代人发展经济影响到后代人享有资源环境的权利，要全面衡量水电工程项目开发对后代人的影响，制定科学合理的内部化措施，为后代人保存自然生态资源和文化资源的多样性，保证代际公平。

（3）自然生态公平原则。自然生态公平原则是指在不触及生态保护红线、环境质量底线、资源利用上限和环境准入负面清单的前提下，对工程开发破坏的各种自然生态环境进行补偿，还要进行生态修复与恢复，促进人与自然和谐发展、可持续发展。

在外部性各利益相关主体和资源产权明晰的情况下，通过财政转移支付或市场交易等途径实现外部性影响内部化，在移民权益、库区生态权益和后代人的权益得到保障的前提下，有序开发水电工程项目。同时，还要协调好项目建设区和项目受益区的利益关系，实现区域间公平，使各区域互通有无、相互支持，共同提高发展效率。也就是说，利益各方在实现个人利益或地区利益的同时，要有利于实现整个社会利益最大化，形成各方利益相容局面，最终实现利益平衡。另外，在确定补偿标准时，要全面考虑负外部性受损者的利益损失，真正做到公平、公正调节相关主客体的利益关系。

（三）谁开发谁补偿、谁受益谁补偿、谁破坏谁恢复原则

2005 年，中共十六届五中全会提出《关于制定国民经济和社会发展第十一个五年规划的建议》，按照谁开发谁保护、谁受益谁补偿的原则，加快建立生态补偿机制。党的十八大报告明确要求，建立反映市场供求和资源稀缺程度、体现生态价值和代际补偿的资源有偿使用制度和生态补偿制度。建设水电工程项目产生的最大负外部性影响就是造成生态环境破坏和移民损失，尤其是水库淹没和大坝拦截造成的生物多样性损失。凡是从水电工程项目开发中获利的受益者，包括水电工程项目开发者、政府、电能消费者和其他经济或生态利益的享受者，均应对生态环境的价值以及工程移民予以补偿，以避免经济生活中存在的"搭便车"现象。在水电工程项目开发过程中，谁开发谁补偿要求电站开发者对库区和流域生态环境及移民负有首要责任和义务，是生态环境负外部性和移民负外部性的首要补偿主体；谁受益谁补偿是指水电工程项目正外部性受益者，如享受防灾减灾效益的下游地区、享受经济发展效益的工程周边地区、享受清洁廉价电力的受电区等，要对项目建设产生的负外部性影响做出补偿，受益者应该公平分担补偿义务；谁破坏谁恢复是指对于项目占地造成的生态破坏，在工程建设完成后，水电工程项目开发者有义务恢复原有生态环境。基于以上补偿原则，通过识别不同受益群体和受损群体，为确定水电工程项目环境外部性影响内部化模式中的补偿主体和补偿客体提供依据。

（四）可持续发展原则

可持续发展是 20 世纪 80 年代提出的新发展观，是适应时代变迁、社会经济发展需要产生的，其核心思想是，经济发展、资源保护和生态环境保护应协调一致，让子孙后代能够充分享受资源和良好的生态环境。水电工程项目开发带来巨大的外部效益和外部成本，触及各方利益，通过对相关者利益进行合理调节，提高保护和恢复生态环境的积极性和效率，为社会发展提供更多生态产品和社会产品，促进可持续发展。

（五）广泛参与原则

在进行水电工程项目开发环境外部性影响内部化时，积极争取众多利益相关者的广泛参与，给予他们充分的发言权和监督权，使内部化模式的管理和运行更加有效率、民主和透明。利益相关方的广泛参与不仅有利于保护和提高参与者的利益，而且多方博弈的结果更能得到各方的认同、也更容易实施，同时还有助于提高他们对水电工程项目开发环境外部性影响的认识，激发生态环境保护的积极性。

（六）灵活性原则

任何两个水电站都是不同的，无论是开发过程、规模、形式还是运行管理等都不相同，因此水电工程项目开发产生的外部性问题也是各种各样的。另外，水电工程项目开发外部性影响内部化涉及多方面行为主体，关系错综复杂，内部化方式也是多种多样，没有公认的内部化标准和方法。因此，内部化手段或方式不应"一刀切"，而应该采取灵活多样的方式，因地制宜地进行外部性影响内部化。

二、内部化的模式与途径

外部性影响内部化的理论主要有"庇古税"和科斯定理两种，它们分别代表了政府调控与市场自行调节两种典型调节方式。"庇古税"理论的应用体现为对产生负外部性影响的经济主体按其产生负外部性影响的经济价值进行征税，对产生正外部性影响的经济主体给予财政补偿和税收优惠等政策激励，用政府这只"看得见的手"对市场失灵进行调节。"科斯定理"的应用体现为给外部性的客体赋予产权，让各利益主体通过产权交易来实现外部性影响的内部化，用市场这只"看不见的手"对市场本身的失灵自行调节。此外还有一种外部性影响内部化的模式，它独立于政府和企业之间，不靠权力或经济利益驱动，却承担了很多政府和企业不能解决的问题，如环境问题、教育公平、生物多样性保护等，它就是民间组织。民间组织独立于政府和市场的特点使其成为外部性影响内部化的有力主体。

以上使外部性影响内部化的各种模式适用于不同的内部化情形，但不外乎都是借助政府、市场和民间组织来发挥作用，因此水电工程项目开发环境外部性影响的内部化模式主要分为政府主导的内部化模式、市场驱动的内部化模式以及民间组织参与的内部化模式。通过搭建水电工程项目开发环境外部性影响的内部化模式和途径，可以平衡众多利益相关者的权益，促使环境外部性的受益者与水电工程项目开发企业和政府一起努力提高对环境外部性受损者的补偿力度和对自然生态环境的保护程度，真正实现水电工程项目开发利益共享，促进人与自然和谐发展、社会经济可持续发展。

（一）政府主导的内部化模式

政府是公共资源管理者、公共服务提供者、公共利益代表者和协调者，具有战略规划制定、经济调节、市场监管、社会管理和公共服务五项职能。水电工程项目开发涉及的利益相关者众多，要协调各方的利益，解决市场失灵产生的外部性问题，保证全社会资源的最优配置，促进水电工程项目的共享发展、绿色发展，政府应直接进行干预，通过政策、法律、税收、补贴等手段实现水电工程项目开发环境外部性影响的内部化。政府主导的内部化模式主要包括政策约束、政策补偿、基金补偿、实物补偿、项目补偿、教育补偿和技术补偿等。

1. 政策约束

政策约束是指政府通过"命令-控制型"手段保证水电工程项目开发对移民和自然生态环境的外部性影响在可控的范围之内，并通过税收手段限制开发企业的行为。

1）政府的"命令-控制型"手段

生态保护红线是一条不能跨越的生态环境安全底线，主要包括生态功能保障基线、环境质量安全底线和自然资源利用上线。政府应通过严格的"命令-控制型"手段，确保水电工程项目在规划、建设、运行和退役阶段对自然生态环境的影响不会超出红线的范围。在项目规划阶段设定严格的审批和许可程序；在建设阶段严格监督与控制资源的开发和排污行为，要求开发企业采取相应的移民安置补偿和生态补偿措施；在运行阶段确保下泄生态流量，按照水生生态系统的需求进行生态调度，进行长期移民补偿和生态环境恢复与保护；在退役阶段合理处置筑坝材料和淤积泥沙，保证库区修复和下游安全。

通过"命令-控制型"手段使开发主体承担其经济活动所造成的环境外部性成本，降低环境负外部性影响，以达到政策约束的目的。政府应根据社会的发展和人类对自然生态环境的认知程度不断改进相关政策，通过政策调控规范市场经济主体的活动，使其对社会文化环境、经济环境和自然生态环境产生的外部性影响内部化，有效改善由于市场失灵而导致社会资源配置效率低下的状况。

2）政府的税收手段

中国的自然生态资源属于全民所有，水电工程项目开发过程中将对自然生态环境产生负外部性影响，进而产生一系列的生态环境问题。按照"谁开发谁补偿"的原则，政府应对水电工程项目开发企业征收税费，作为调节地区经济发展和保护流域生态环境的一种经济手段。

环境资源使用税是指政府根据水电工程项目开发使用或消耗资源的种类、数量向水电工程项目开发企业征收一定的费用。中国向水电企业征收的资源使用税主要有森林植被恢复费、耕地占用税、草原植被恢复费、水土保持补偿费、河道砂石资源费、水资源费、矿产资源补偿费等。除了向开发者征收资源使用税之外，还应按照生态破坏面积和破坏程度征收生态环境补偿费。生态环境补偿费是指对使用或消耗生态资源本身价值之外的补偿，是一种体现生态平衡的价值补偿，如水库淹没森林、草地等植被的生态价值，天然河流水文环境的生态价值等。通过征收生态环境补偿费增加政府财政收入，充盈国库资金，使中央能通过财政转移支付的方式来支持恢复和保护因水电工程项目开发造成的生态环境破坏。

总体来看，我国存在征税费范围较窄、征收力度弱、征收标准偏低、目标单纯等问题，不足以补偿资源损耗。因此应加大对生态资源造成负外部性影响的征税费力度、拓宽征税费范围，这是水电工程项目开发环境负外部性影响内部化的有效途径。

2. 政策补偿

政策补偿是指政府针对水电工程项目开发产生的正外部性影响对水电工程

项目开发企业实施的政策补偿，以及上级政府对损失了发展机会的地方政府的政策补偿。

1）政府对水电工程项目开发企业的政策补偿

水电作为资源蕴藏丰富、技术成熟、运行可靠且无可替代的清洁可再生能源，面临着弃水严重、上网电价低等尴尬境遇，部分大型水电企业甚至出现亏损，严重影响了水电企业投资新建水电工程项目的信心和积极性。导致这一不合理现象的原因是多方面的，主要有以下几点：一是电力市场供求关系缓和，电力需求增速减缓，装机容量增长不断加快，全社会用电量增长缓慢，形成了剪刀差；二是电力结构调整的效果差、难度大，自 2015 年国家下放火电项目核准权限后，火电机组猛增，挤占了新能源和可再生能源的电量消纳空间；三是外送通道建设滞后，水电建设和电网建设未能实现统一规划、同步建设；四是地区和省份间壁垒阻碍了水电的消纳。

要改善中国水电面临的困境，让水电企业成为水电工程项目开发利益共享的原动力，加大水电工程项目开发对地方经济社会发展的推动作用，除了加快电网和水电外送通道建设、抓紧规划和核准开工建设流域龙头水库的水电站外，还应从激励性补偿的角度出发，加强顶层设计，给予水电工程国家政策上的倾斜与扶持。政府对水电工程项目开发企业的补偿主要包括以下几个方面。

（1）加快配套电网和水电外送输电通道建设。电力外送输电通道建设滞后或不配套是中国西南地区弃水窝电现象严重的重要原因之一，为避免此类问题，国家应结合水电规划，尽早启动外送通道项目及配套电网的前期工作，扩大水电的消纳。

（2）保障水电优先上网的权利，水电作为无可替代的清洁可再生能源，其优先上网的权利应得到国家法律和制度的保障，减少弃水量，并应把水电纳入可再生能源开发利用目标考核体系和可再生能源电力配额制度，引导全社会绿色消费。

（3）消除地区和省份间壁垒。中国水电主要集中开发投产在西南低负荷地区，在当地消纳的同时，需要大量外送。但从现有实际情况来看，东部受电地区大多不愿意吸收消纳西部水电，其原因主要有两点：一是经济利益，在中国西南地区水电极度富裕的同时，"西电东送"的受电地区为了地方经济发展，规划或建设了相当容量的火电站。尤其是 2015 年国家下放水电项目核准限后，部分地区以能源投资拉动地方经济增长为目的，陆续上马了一些火电项目，加剧了西部地区水电消纳难题。二是西部地区水电调节能力总体较差，丰枯期出力悬殊较大，枯水期平均出力仅约为丰水期平均出力的 1/3，丰水期有大量水电富余，需要送出消纳，枯水期电力供应却十分紧张，导致电力供应"丰余枯缺"结构性矛盾突出，受电区因此更加不愿意接纳外来水电。

地区和省份间壁垒阻碍了水电的消纳,现有互联电网的管理体制和经营机制并不能有效地解决这些问题。中国电力市场省份间壁垒问题主要是体制上的原因,即联网产生的效益在各省份分配不均引起的。因此,要消除水电所面临的地区和省份间壁垒,需要中央政府从国家利益出发与受电区地方政府协调,改革现有电力市场体制,如成立相对独立的电力市场管制机构,与省政府之间没有经济纠葛,作为一种非营利性的组织来协调各方的利益关系。此外,在确保完成全国能源消费总量控制目标条件下,对受电区省份超出规划的可再生能源消费量,不纳入受电区地区能耗总量和强度目标考核,以促进水电消纳。

(4)实行鼓励性的电价政策。中国水电上网电价政策经历了标杆化、去标杆化、回归标杆化的三次调整,呈现为三种模式,即按照"还本付息电价"或"经营期电价"制订的独立电价、省内执行的标杆电价,以及跨省跨区送电的协商电价,部分大型水电的跨省跨区送电价格按照落地省煤电标杆电价和输电价格及线损倒推确定。

在确定电价时,不论采用哪种电价模式,除了考虑内部成本和收益之外,还要考虑外部成本和收益,否则将导致外部成本承担者被动承担相应成本,外部收益享受者无偿享受相应收益,无法实现外部影响内部化。价格机制是市场经济体制的运行基础,是市场引导电力结构调整的基本力量,是发挥市场在资源配置中的基础性作用的基本力量,也是环境外部性影响内部化的基本保障。

国家应实行包含水资源价值、环境保护成本、环境效益和供求关系的鼓励性电价,在保证水电企业合理利润后,部分收益用于环境负外部性影响内部化补偿,通过"反哺"的方式为流域生态环境的持续保护和改善提供充足的资金支持。

(5)实行优惠的税收政策。中国是世界第二大能源消耗国,近年来每年耗能大致折合为40亿t标煤。煤炭在一次能源消费中的比例过大加重了中国环境污染,能源发展受到资源短缺和环境污染的双重约束。调整能源结构是中国能源发展面临的重要任务,节能减排是缓解中国资源环境矛盾、加快经济发展方式转变的重要途径。水电是一种清洁的可再生能源,开发水电可以有效改善中国的能源结构,对于建立可持续发展的能源系统、节能减排具有重要的意义。考虑未来国家能源结构调整、节能减排的需要,各级政府作为水电工程项目开发的受益者,应给予水电工程项目开发企业一定的税收优惠政策(清费减税政策)或对火电企业征收碳税,用于水电工程项目开发的补偿,使水电朝着健康、稳定和良性循环的方向发展,把水电工程项目开发产生的环境正外部性影响内部化。

(6)开展电能替代和以电代柴、以电代煤工作。中国电煤比例和电气化水平较低,煤与石油的大量使用是冬季严重雾霾的主要原因之一。推广电采暖、地能热泵、工业电锅炉、农业电排灌、电动汽车、家庭电气化等电能替代是提高电煤比例、提高电气化水平和推动能源消费革命的重要途径。另外,在中国广大农村,少部分还存在用薪柴和煤取暖做饭的方式,不仅影响使用者的身体健康,还造成严重的大气污染。政府应制定政策、采取措施加大推广电能替代和以电代柴、以电代煤的力度,不仅可以调整能源结构、促进能源清洁化发展、减少大气污染,还可以扩大电力消费,促进水电消纳。

2)上级政府对损失了发展机会的地方政府的政策补偿

水电工程项目的水库库区和替代生境区地方政府因开展流域生态环境保护而放弃了部分资源利用、产业开发的机会,上级政府应对这些地方政府的权利和机会进行补偿,弥补其因限制或放弃发展机会而付出的机会成本。受补偿者在授权权限范围内,利用指定政策的优先权和优惠待遇,根据不同地域的资源、人口、经济、环境状况确定不同的发展方向和发展目标,制定一系列创新性政策,着力于水电工程项目开发区域社会环境和生态环境的恢复和重建,积极探索区域经济发展模式,合理开发、利用水能资源,促进区域经济、社会和环境协调发展。

3. 基金补偿

基金补偿是指为了在项目环评、水保方案、征地移民报告等所列投资用完以后,继续对移民进行后期扶持、保证库区产业发展升级,继续为自然生态环境的修复和保护提供充足的资金,弱化水电工程项目开发产生的环境负外部性影响而设立的基金项目,除了现有的水库移民后期扶持基金之外,还应成立库区产业投资基金和自然生态补偿基金。基金的来源除水电企业、资源税费、电价、电价增值税外,还应包括水电工程项目开发产生的环境外部效益。库区产业投资基金为库区和移民安置区的产业发展升级提供资金保障,帮助移民提高收入,促进库区社会经济发展;自然生态补偿基金用于水电工程项目开发导致的环境污染和生态破坏的修复以及自然生态环境的保护,包括生态保护区建设、珍稀动植物保护、植被恢复等。

4. 实物补偿

实物补偿是指政府和水电工程项目开发者等补偿主体运用物质、劳力和土地等进行补偿,为利益受损者提供部分生产要素和生活要素,改善他们的生活状况[155],增强其生产能力,使其具有生态保护和建设的能力。对于无偿性的实物补偿,可以根据劳动所创造的价值,虚拟实物补偿的价值金额,把这部分报酬转化为生态保护与治理基金，如在库区周围义务植树等活动所实现的实物补偿；对于有偿性的实物补偿，以实际支付劳动报酬和实际购置物品的价值金额计量。实物补偿的例子很多，如水电站建成后，原施工占地经过修复后返还给库区周围居民，低价售电、售水给库区周围居民，为安置区投资建设公共基础设施等。

5. 项目补偿

依托项目管理能将有限的资金集中起来，走规模效益的道路。依托建设项目，相关政策实施起来就容易控制，也容易进行效果评价。水电开发项目补偿主要包括移民安置区、控制性水库库区和替代生境区的环保项目。补偿主体可以通过为移民安置区、控制性水库库区和替代生境区提供一些环保项目，如生态农业项目、旅游业项目、服务业项目、生态移民项目、库区生态建设与环境保护项目、库区水质净化项目、流域重点生态保护区发展项目、流域生态农业项目、退耕还林项目，以及具有技术优势或生态环境友好型项目等，同时提供政策、税收、投融资方面的支持，为这些地区的创业、就业和生态环境可持续发展打下良好的基础。

6. 教育补偿

教育补偿是指由补偿主体开展智力服务，向补偿对象提供援助性技术咨询和指导，进行人力资源培训，给受补偿地区或群体培养技术人才和管理人才，输送各类专业人才，以提高补偿对象的生产技能、技术能力和组织管理水平。例如，对移民进行就业技能培训、岗位技能提升培训、创业培训、职业教育或学历教育等培训；向经济发展受到限制的城镇及服务行业发展落后的一些地区定期派送一些高级技术人才，研究、指导发展方向和环境保护方法，协助这些地区的环境保护工作，以减小其地区发展及环境保护的阻力。

7. 技术补偿

技术补偿将扫除水电工程项目开发区域经济发展障碍，此种补偿方式应该和教育补偿相结合，为技术欠发达地区提供先进的技术支持。例如，技术成熟的受电区可以为技术欠发达的水电工程项目开发地区提供先进的垃圾处理技术、污染处理技术等环境保护类技术。同时为了促进经济欠发达地区的发展和平衡区域经济，也应该提供一些新型的工、农业高新技术以解决欠发达地区工业技术缺乏的问题，使对水电工程项目开发区域的补偿逐渐由"输血型"补偿转换为"造血型"补偿，提高区域自我发展能力。

（二）市场驱动的内部化模式

市场主导的思想源于科斯定理。科斯定理的含义是：如果双方能够达成无成本交易合同，那么政府公共权利的原始设定对任何资源的配置都不会产生影响。根据科斯定理，以水电工程项目开发为例，水电工程项目开发企业与周边环境的利益相关者会相互影响，即达成协议需要其中一方支付另一方的损失补偿。在这种情况下，就不能仅靠政府的公共权力解决问题，需要市场机制来保证，使负外部性在资源合理配置的前提下降到双方可接受的范围内。参考科斯定理，通过交易制度体系创立资源和生态产品市场，在市场中把法律认可的权利、许可证和配额通过包括租赁在内的其他方式予以出售或者交换，实现外部性影响的内部化，充分发挥市场在资源配置中的决定性作用，政府仅需要进行监管。市场驱动的内部化运作模式主要包括公共资源交易、排污权交易、碳排放权交易、生态标签制度等。

1. 公共资源交易

2017 年 1 月国务院印发的《关于全民所有自然资源资产有偿使用制度改革的指导意见》的一个重要原则就是充分发挥市场配置资源的决定作用，文件明确指出："推动将全民所有自然资源资产有偿使用逐步纳入统一的公共资源交易平台，完善全民所有自然资源资产价格评估方法和管理制度，构建完善价格形成机制，建立健全有偿使用信息公开和服务制度"。纳入该平台的业务类型主要包括工程建设、政府采购、土地使用权、矿业权、国有产权、碳排放权、排污权、药品采购、二类疫苗、林权等。由于污染物排放和碳排放不属于公共资源，因此本书没有把这两种交易纳入公共资源交易中。

现有的开发性移民政策要求对移民进行长期补偿，但标准都是政府制定的，存在补偿标准偏低的情况。因此，在水电工程项目开发征用耕地、山林、水域、矿产等公共资源时，可以采用多样的方式，如让移民拿自己的公共资源使用权在公共资源交易平台上做交易来共享水电工程项目增益，或移民以公共资源入股的方式分享项目的经营效益等，这样更能体现移民的权益和长效扶持的作用，使水电工程项目开发对移民的外部性影响内部化。通常对移民被淹土地等生产资料的补偿方式是发放生产安置资金，若移民能以土地使用权进行出租或换取水电工程项目的股份，则能保证移民获得稳定的收入，这相当于为移民买到了一份社会保险。移民有了基本的保障收益，既可以自主从事养殖业和副业，也可以从事第二产业、第三产业。这种以土地使用所有权进行市场交易的补偿方式具备两点优势：一是从源头上确保了移民的利益，使其以土地换取收益，生活有了保障，也能弥补心理上的落差；二是适应中国土地资源特别是耕地资源紧张的现实状况，能确保移民安置给安置区的土地资源带来的压力最小，生态环境能保持平衡，移民安置区的可持续发展得以实现。通过公共资源交易可以内部化水电工程项目开发对移民产生的负外部性影响。

2. 排污权交易

排污权交易是指在一定区域内，在污染物排放总量不超过允许排放量的前提下，内部各污染源之间通过货币交换的方式调剂排污量，从而达到减少排污量、保护环境的目的[156]。政府从其服务功能的角度，应设立相关部门，负责各行业排污标准及权证的制定，并受理排污权证的转让。企业单位在获取相关排污权证后，即可在市场上进行交易，这使企业不得不从经济上衡量自己的排污行为，不仅有利于企业加强环保意识，也有利于整个市场帕累托最优的形成。排污权交易涉及的污染物种类包括噪声、化学需氧量、氨氮、二氧化硫、氮氧化物等。通过排污权交易可以内部化项目施工以及移民安置产生的负外部性影响，以及水环境容量增加产生的正外部性影响。

3. 碳排放权交易

碳排放权交易是为促进全球温室气体减排，减少全球二氧化碳排放所采用的市场机制。联合国政府间气候变化专门委员会通过艰难谈判，于 1992 年 5 月 9 日通过《联合国气候变化框架公约》（United Nations Framework Convention on Climate Change，UNFCCC，以下简称《公约》）。1997 年 12 月于日本京都通过了《公约》的第一个附加协议，即《京都议定书》。《京都议定书》把市场机制作为解决以二氧化碳为代表的温室气体减排问题的新途径，即把二氧化碳排放权作为一种商品，从而形成了二氧化碳排放权的交易，简称碳交易[157]。《京都议定书》为工业发达国家设立了具有法律约束力的碳排放限制和碳减排目标，并确定了"灵活三机制"，即排放交易（emission trading，ET）、联合履约（joint implementation，JI）和清洁发展机制（CDM），催生了国际碳市场的兴起。2005 年，欧盟正式启动了欧盟碳排放交易体系（European Union Emissions Trading System，EUETS），该体系是当时全世界最大、最成功的碳市场。此后，瑞士、新西兰、美国部分州、日本和澳大利亚等发达国家和地区碳市场相继建立。巴西、印度等发展中国家也考虑引入碳交易机制。2015 年底《巴黎协定》达成，这是史上第一份覆盖近 200 个国家和地区的全球减排协定，随着《巴黎协定》的生效，全球应对气候变化工作进入了崭新的阶段。

随着减排工作的深入，传统以行政命令为主的减排方式逐渐显露出其局限性。通过市场机制促进节能减排，平衡发展与减排之间的关系成为时势所趋。

2011 年 10 月，国家发展和改革委员会下发《关于开展碳排放权交易试点工作的通知》，正式批准北京、上海、天津、湖北、广东、深圳、重庆 7 地开展碳排放权交易试点工作。2013 年国家发展和改革委员会启动了全国碳排放权交易市场建设工作。2017 年 12 月国家发展和改革委员会印发《全国碳排放权交易市场建设方案（发电行业）》，标志着中国以发电行业为突破口，正式启动全国碳排放交易体系建设。

水电工程项目在开发过程中虽然会产生一定的二氧化碳等温室气体，但水电替代火电可以减少大量温室气体的排放，温室气体减排效益十分显著。水电工程项目开发者可以选择按照新增产能申请免费分配的配额；或者是作为资源减排项目开发中国核证自愿减排量（Chinese certified emission reduction，CCER），进行碳交易；还可以注册清洁发展机制（CDM）等项目在国际市场上进行碳交易。碳排放交易使水电工程项目开发过程中对大气环境产生的正负外部性影响内部化。

4. 生态标签制度

生态标签制度是一种自愿性制度，生态标签体系的目的是对各类产品在生态保护领域的佼佼者予以肯定和鼓励，从而推动生产厂家进一步加强生态保护，使产品从设计、生产、销售到使用，直至最后处理的整个生命周期内都不会对生态环境带来危害。生态标签可以提示消费者，该产品符合环保标准，是"绿色产品"。煤炭和石油在开采、运输、发电过程中给环境造成了压力，相对于火电来说，水电是清洁可再生的能源，是节能减排目标实现的主力军，为水电打上"生态标签"，鼓励受电区水电优先上网，外部性受益者使用水电，减少水电弃电，使水电工程项目开发对大气环境等自然生态环境的正外部性影响内部化，保证水力发电企业有充足的资金来降低水电工程开发过程中对社会文化和自然生态环境产生的负外部性影响，形成良性循环。

绿色水电认证制度是生态标签制度的一种，其目的是把水电工程对社会文化和生态环境的负面影响降至最低，并且为电力消费者提供可信和可接受的生态标志，给开展绿色认证的水电企业带来经济效益与社会效益的双赢。其实质是通过绿色水电认证制度实现电力消费者对水电工程项目开发产生的社会文化和自然生态环境正外部性影响的间接支付，是一种自愿性的内部化制度。20 世纪 80 年代开始，欧美一些发达国家围绕水电工程项目开发对河流生态影响、河流生态恢复等方面开展了大量研究工作，建立了相应的技术指南、认证程序和技术标准，提出了"绿色水电""低影响水电"等概念，具有代表性的有瑞士"绿色水电认证"和美国"低影响水电认证"。中国绿色水电研究起步相对较晚，由于在环境影响、监管和补偿等方面缺乏法律依据和管理机制等，至今中国还未建立绿色水电认证制度。

提出"绿色水电"框架的瑞士，最先进行了这方面的实践。2002 年，瑞士的全国博览会和 2003 年的世界杯滑雪赛，赛场内的用电大户瑞士电信均购买了绿色电力，社会责任和社会影响得以彰显，通过媒体传播，"绿色电力消费"引领一时风尚。由此，环境和经济协同作用形成良性反馈。应充分借鉴国外的成功经验，建立绿色水电认证制度，对经认证的水电工程项目给予相应的鼓励政策：在经济方面，最直接的影响是国家对绿色电力提供商进行"价格保护"，使其形成竞争优势，免受不当竞争威胁；同时，"绿色水电"标签还可以引导消费者进行"选择性消费"，提高其社会影响力。

（三）民间组织参与的内部化模式

民间组织能够在一定程度上提供社会服务与公共产品，它独立于政府和市场，可发挥政府和市场没有或难以充分发挥的作用[158]。在环境保护领域，民间组织开展了大量的环境意识普及、教育、宣传、资助、项目、科研、交流等活动，促进了公众的参与，提供了许多公共物品；在扶贫开发领域，民间组织直接提供资金、物资，开展扶贫项目。民间组织已成为全球治理体制中的一个重要性日益增强的新兴角色，在水电工程项目开发环境外部性影响内部化方面可以发挥重要作用。民间组织参与的内部化途径包括基金补偿、实物补偿、项目补偿、教育补偿和技术补偿等。

（四）内部化模式的选择

通过对水电工程项目开发外部性影响利益相关者、补偿主客体、内部化途径与模式的分析，得出以政府主导、市场驱动和民间组织参与的多样化外部性影响内部化模式，如图 4-1 所示。政府主导的内部化模式包括政策约束、政策补偿、基金补偿、实物补偿、项目补偿、教育补偿和技术补偿七种内部化途径；市场驱动的内部化模式包括公共资源交易、排污权交易、碳排放权交易和生态标签制度四种内部化途径；民间组织参与的内部化模式包括基金补偿、实物补偿、项目补偿、教育补偿和技术补偿五种内部化途径。

水电工程项目开发是一个分阶段有序开发的长期过程，在不同的阶段将产生不同的环境外部性影响，因此需要根据水电工程项目开发所处的阶段，选择科学合理的外部性影响内部化模式。以下分水电工程项目开发效益发挥前和发挥后两阶段分别提出水电工程项目开发环境外部性影响的内部化模式的建议。

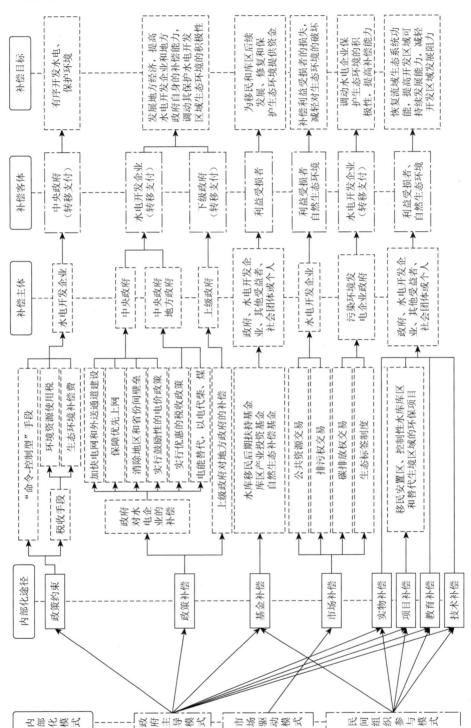

图 4-1 水电工程项目开发环境外部性影响内部化模式

1. 水电工程项目开发效益发挥之前的阶段

在水电规划阶段、前期工作阶段和建设阶段，采用政府主导模式为主、民间组织参与模式为辅的内部化模式，经过严格的审批，限制不满足要求电站的开发；对于满足所有程序要求的电站，给予水电工程项目开发企业和地方政府相应的政策补偿，积极规划建设配套电网及电力外送通道建设项目，对利益受损者进行一定的实物补偿、教育补偿和技术补偿，并引导受电区与水电工程项目开发区域达成协议，通过先期投资等方式进行补偿。此外，本阶段还应通过公共资源交易，确保受损者，特别是移民的利益得到合理赔偿的同时，还应积极培育生态服务的交易市场，鼓励市场化补偿模式的发展，为未来市场补偿奠定基础。水电工程项目开发效益发挥前环境外部性影响内部化模式如图 4-2 所示。

2. 水电工程项目开发效益发挥之后的阶段

在水电站运行阶段，采用政府主导的内部化模式进行宏观调控和区域补偿，保证水电优先上网的权利；采用市场驱动的模式充分体现水电作为清洁可再生能源的地位；采用政府主导、市场驱动和民间组织参与的模式获得相应的资源、资金等，用来内部化对利益受损者和自然生态环境产生的负外部性影响，实现共享发展。水电工程项目开发效益发挥后环境外部性影响内部化模式如图 4-3 所示。

通常情况下，政府主导的外部性影响内部化模式，由于很难获取完整的信息，容易偏离帕累托最优；市场驱动的外部性影响内部化模式，又容易受到交易成本的制约；民间组织参与的内部化模式具有一定的不确定性，而且民间组织的资金动员能力相当有限。因此水电工程项目开发的环境外部性问题不能简单地通过政府主导、市场驱动或民间组织参与的模式实现内部化，即不能停留于政府主导的内部化模式，政策失灵和管理失灵以及政策的短期性不能保证不断深化的环境保护要求；也不能停留于市场驱动的内部化模式，市场对于具有公共物品属性的水资源开发是无能为力的；更不能依赖民间组织参与的内部化模式，因为其存在太大的不确定性，而且补偿力度有限。在外部性影响内部化的过程中采用的内部化模式和途径应当灵活多样、因地制宜，对于同一补偿对象可以运用多种方式进行内部化。可以对上述内部化模式与途径进行多重组合和派生，形成多样化的水电工程项目开发环境外部性影响内部化模式与途径，从不同层面、不同角度出发，内部化水电工程项目开发过程中产生的环境外部性问题，使水电工程项目开发向着利益共享、环境友好的方向发展。

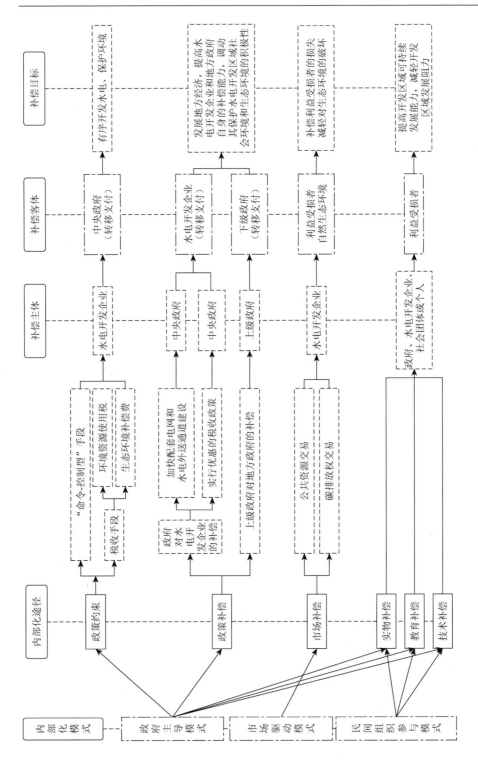

图 4-2 水电工程项目开发效益发挥前环境外部性影响内部化模式

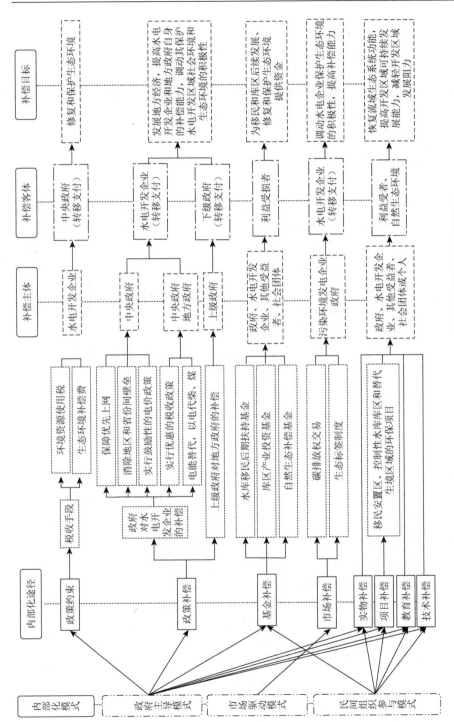

图 4-3　水电工程项目开发效益发挥后环境外部性影响内部化模式

第四节　外部性影响内部化保障措施

水电工程项目环境外部性影响内部化的实施，需要相关的法律保障体系与补偿激励政策系统的支持，方能实现内部化过程的有效运行。

一、法律保障体系构建

在中国，有关所有自然资源的开发、修复、保护的各层级法律和法规共同构成了环境法系，这些各层级法律法规在上位法的协调下相互联系和补充[159]。党的十八大以来，生态环保法制建设不断健全。《大气污染防治行动计划》《水污染防治行动计划》《土壤污染防治行动计划》陆续出台，被称为"史上最严"的新《环境保护法》从 2015 年开始实施，在打击环境违法犯罪方面力度空前。为全面认识水电工程项目开发对社会文化、经济和自然生态环境带来的影响，有效实现水电工程项目开发环境外部性影响的内部化，为促进水电工程项目开发绿色发展、共享发展提供制度保障，需对水电工程项目开发外部性影响评价和内部化措施相关的法律进行相应的修订，以完善外部性影响内部化的法规支撑体系，具体建议如下。

（一）将外部性评价引入环境影响评价制度，将内部化途径引入经济评价制度

中国环境外部性影响评价和内部化途径研究尚处于探索阶段，无有效的落实途径。而环境影响评价制度自确立以来，经历了规范与发展、强化与完善、提高与拓展等不同阶段，在严格环境准入、提高资源利用效率、控制污染物排放和减小生态环境影响方面发挥了积极作用，已经成为实施综合决策、实现可持续发展的重要途径和手段，在国民经济和社会发展中扮演着重要角色[160]。为了更全面地评价水电工程项目开发对环境的影响，评价工程的环境可行性和经济可行性，促进水电健康有序的发展、绿色共享的发展，提出以下建议：在环境影响评价的经济损益分析中，应仅分析外部损失和外部收益，不再考虑内部损失（环境保护措施费用）和内部收益（发电等），并分析外部损失和收益的动态变化趋势，评价工程项目在采取了环境保护措施后的环境可行性；在经济可行性评价中，应同时评价内部费用、内部效益、外部费用和外部效益，并对费用和效益进行结构性分析，对各利益主体利益进行全面权衡，在此基础上评价工程项目的经济可行性，同时为外部费用的承担者和外部效益的享受者提供内部化措施。

（二）进一步完善征地补偿安置政策

水电移民征地补偿安置政策关系水电工程建设的成败，以及移民的安居乐业、社会的和谐稳定。征地补偿安置政策随着中国社会的发展也在不断地完善，从计划经济时期"重工程、轻移民，重搬迁、轻安置"的倾向，到20世纪80年代以前采用的补偿性移民安置的理念，到1991年提出的开发性移民政策，以及后续对开发性移民政策的补充，体现了人们对移民问题复杂性的认识程度不断加深。在社会主义新时代，水电建设应与促进地方发展相结合，加快完善与移民群众切身利益密切相关的土地、房屋等征收补偿政策，提高移民群众的获得感。采用土地使用权出租或换取水电工程项目股份等方式使移民在依法获得补偿的基础上，更多地分享电站建设效益，实现移民长久获益、库区持续发展、电站合理收益有保障的互利共赢格局。

（三）把水电纳入可再生能源开发利用保障范畴

2016年3月24日，国家发展和改革委员会印发了《可再生能源发电全额保障性收购管理办法》（发改能源〔2016〕625号）的通知，旨在加强可再生能源发电全额保障性收购管理，保障非化石能源消费比例目标的实现，推动能源生产和消费革命，但该办法适用对象为风力发电、太阳能发电、生物质能发电、地热能发电、海洋能发电等，水电仅为参照执行。水电作为资源蕴藏丰富、技术成熟、运行可靠且无可替代的清洁可再生能源，优先上网的权利仍未得到国家法律和制度的保障。对于实行负外部性影响内部化的水电站所发出的电能，应在国家法律法规层面对水电优先上网权的保障制度进行完善，加强国家电力监管机构对水电弃水的监管以及对违规电网企业的处罚力度，从国家法律层面切实保障水电优先上网的权利，并落实电网企业对水电弃水的赔偿。

（四）建立水电投资补助和分摊机制以及利益共享机制

生态文明建设对水电工程项目开发提出了很高的要求，水电工程项目开发面临的生态环境保护压力不断加大；另外，移民安置的难度也在不断加大。水电工程项目开发的经济性越来越差，市场竞争力显著下降，为了减轻水电建设企业的经济负担，提高水电工程项目开发企业进行生态环境修复和保护的积极性，仅靠水电企业共享其利益已经完全不够了，应考虑把水电工程项目开发带来的正外部性影响内部化，使正外部影响的受益者，包括各级政府、相关企业和居民，分享其收益，分摊生态环境保护和移民安置的责任。为了充分发挥水电在节能减排方面的作用，达到节能减排的目标，应进一步鼓励环境友好型、生态友好型、利益共享型水电的开发力度，建立水电投资补助和分摊机制以及利益共享机制。政府应通过制度保障和政策支撑为水电工程项目开发和水电消纳做好坚实的后盾，同时通过财政转移支付，相关受益企业应通过市场补偿、项目补偿，受益居民应通过教育补偿、技术补偿等手段为恢复与保护流域生态系统服务功能、移民安置和补偿提供财力、物力、人力等保障。

二、补偿激励政策系统构建

（一）基于环境外部性价值的电价形成政策

要消除水电定价的外部性影响，就应在水电的定价原则中充分考虑移民补偿和自然生态环境补偿的外部成本以及水电改善大气环境、调峰、调频、事故备用，促进区域经济发展等外部效益，而不能单纯以建设成本和运行成本来确定电价，应逐步实行市场交易竞价。在宏观范畴，国家应研究并出台基于环境外部性价值的电价形成政策，即在考虑火电、水电、风电等不同发电类型的环境外部性价值的前提下，根据环境公平原理，将环境外部性影响纳入电价形成机制。上网电价形成的概念模型为

$$P_E = f(\bar{C}, F_j, E_j) \tag{4-4}$$

式中，上网价格 P_E 是发电平均社会成本 $\bar{C}$ 与单位发电量的外部性价值 E_j 的函数，并且考虑发电企业的平均利润 F_j。该模型的优势在于，不仅考虑了社会对电价的承受能力，同时考虑了对环境的外部性影响。在这个电价形成模型下，由于 F_j 是相对固定的变量，发电企业要想获得超额利润，只能通过提高生产技术降低企业的成本，或者提高自身的正外部性、降低负外部性，经外部性价值的转化来实现。

（二）建立以水电工程项目环境外部性影响为支点的经济调节杠杆

税收是一个重要的经济调节杠杆，中国已经制定了一系列的针对水电工程项目开发的税收政策。一方面，通过减税鼓励水电工程项目的开发，作为对清洁再生能源的扶持性优惠政策，要继续实行"一、二年免征，三年减半"的所得税优惠政策；同时应向水电工程项目正外部性的受益地区征税，用来进行移民后期扶持、生态修复和环境保护。另一方面，通过税收限制水电的过度开发，保证水电的合理开发，环境外部性主要为负的水电站，不能享受国家税收优惠政策；对于

那些生态下泄流量不足、生态修复与环境保护投入不够的水电企业，实行生态补偿税制度，利用经济标杆促使其改变运行方式；对于环境外部性主要为正的水电站，通过将其生态价值与税收优惠挂钩，激励水电企业加大生态修复和环境保护的投入。

（三）形成以社会经济和自然生态环境外部性正负和大小为量化指标的信贷政策

水电工程项目开发具有前期投入大的特点，开发企业都有信贷的需求。国家可制定以社会文化、经济和自然生态环境外部性为量化指标的信贷政策，根据水电工程对社会经济和自然生态环境的外部性影响的正负和大小，确定信贷规模和贷款利率。把是否允许贷款、贷款利率与水电工程项目的环境外部性联系起来，建立以环境外部性为量化指标的信贷政策，从宏观上调控水电工程项目开发对移民和自然生态环境的影响。

（四）将移民后期扶持和自然生态补偿力度设为水电企业上市融资的基本条件之一

在加大清洁再生能源利用的政策前提下，加大水电工程项目开发力度，提高水电在能源结构中的比例，利用市场融资平台筹集开发资金，将存量转化为增量。国家应制定水电企业进入融资市场的规则，将移民后期扶持和自然生态补偿力度作为水电企业是否具有上市资格的判定条件之一，对于上市后的水电企业，若移民后期扶持、生态修复和环境保护投入不够，引起移民问题、生态价值下降甚至为负，应被强行退出融资市场。

第五章 水电工程外部性综合评价及内部化研究实例

本书以 W 水电站为例对水电工程外部性综合评价及内部化研究进行说明。W 水电站坝址以上控制流域面积为 45.88 万 km²，占总流域面积的 97%。W 电站上距 V 电站坝址约 157km，多年平均发电量为 307.47 亿 kW·h，装机年利用小时为 5125h，坝型为重力坝，最大坝高 161m，坝顶长度 909.3m。水库为河道型水库，水库面积为 95.6km²。

第一节 水电工程项目开发环境外部性综合评价指标筛选

W 水电站位于生态环境比较敏感地区，施工区紧邻县城，库区河段有珍稀特有鱼类重要的繁殖和栖息场所。W 水电站规模庞大，具有巨大的发电、防洪、灌溉、航运和环境效益。同时工程建设也将对区域自然环境、生态环境、社会环境和经济产生重大的影响，其中以水库淹没鱼类产卵场、大坝阻断洄游通道最为突出。此外，水库淹没以及由此而引起的城镇迁建和农村移民生产开发、生活安置，大坝建设和运行引起的水文情势变化都将对社会、经济、环境和区域生态环境带来较大的影响，有的影响是难以逆转的。根据相关资料以及 W 工程的特点，在第四章通用外部性指标的基础上进行 W 水电工程项目环境外部性评价指标的筛选，指标筛选时根据相关报告书考虑了上游 V 水电工程项目的开发对 W 工程外部性影响指标的影响。

一、社会文化环境外部性指标筛选

(一)文化心理资本

W 水电工程项目水库淹没影响区和枢纽工程建设区总共迁移人口为 12.51 万人，其中农业人口为 6.28 万人，非农业人口为 6.23 万人；生产安置人口 5.17 万人，其中大农业安置人口 4.59 万人，第二产业和第三产业安置人口 0.58 万人，出县安置人口 1.8 万人。由于迁移人口数量众多，难以避免非自愿移民导致的文化心理等问题的产生，文化心理资本的外部性损失在所难免，因此必须考虑项目开发对这些移民文化心理的外部性影响，研究文化心理的变化趋势。

（二）自然资本

W 水库蓄水后，可能淹没或浸没的自然资本中矿产资源主要是煤，均为不具备工业开采价值的小煤矿，淹没的林地在陆生生物资源中考虑。因此这里主要考虑耕地损失的外部性问题。

W 水库正常蓄水位为 380m 时，淹没耕地 2103.3hm^2、园地 1407.23hm^2，水库淹没将使部分重点淹没乡镇、村组人多耕地少的矛盾更加突出。对于生产安置人口，不论是后靠安置还是外迁安置，他们所拥有的土地资源的数量和质量都有所下降。

W 水电工程项目的移民中，TA 县总移民人口约 6 万人，其中失地移民共有 0.58 万人，采用逐年补偿安置的方式进行安置。这种方式不配置土地，征地补偿费和安置补助费并不直接发给移民，政府再"统筹"每位移民 30720 元（按照每人每月 160 元，计提 16 年计算）后，安置标准是每人每月发放 160 元现金。但是随着社会经济的发展、物价水平的提高，该标准将逐渐不能满足基本生活需求[161]。另外，失地移民共有 0.58 万人，因此 W 水电工程项目的开发将对生产安置人口及失地移民的自然资本产生负外部性影响。

（三）社会资本

W 水电工程项目移民数量巨大，移民原有的社会关系网络被打破，特别是出县安置和分散安置的人口，他们的损失更大，在进行移民前期补偿、补助和后期扶持时并没有考虑社会关系网络破坏给移民带来的损失，因此应考虑工程开发对移民社会资本的外部性影响。

（四）文化景观

W 水电站施工占地和库区涉及两省六县。根据《中华人民共和国文物保护法》的有关规定，对受淹区的地上文物和地下文物进行了详细的调查。S 省共计调查文物点 174 处，根据文物价值，需要处理的文物有 72 处，其中地上文物 31 处，地下文物 41 处；T 省共计调查文物点 21 处，包括省级、市级和县级文物，并对不同文物分别采取整体搬迁或局部搬迁、文字拓片、照相或录像等措施进行保护，在水库淹没补偿投资中根据专题报告列了专项费用，共 1.30 亿元，其中 T 省约 85.1 万元，SC 省 9932.07 万元。其周边景区的旅游规模尚未形成，因此，不再单独考虑项目开发对文化景观的外部性影响。

根据上面的筛选结果，W 水电工程项目对社会文化环境产生的外部性影响评价指标如表 5-1 所示。

表 5-1　W 水电工程项目的社会文化环境外部性评价指标

影响对象	常规指标	W 电站情况	是否选取
社会文化环境	文化心理资本	迁移人口较多，达 12.51 万人，难以避免文化、心理、精神等方面的损失，同时又使原文化得到发展与保护	是
	自然资本	第二产业、第三产业安置 5825 人，失去土地的就业保障价值	是
	社会资本	出县安置 1.8 万人和分散安置 3144 人的社会关系网络破裂	是
	文化景观	安排专项费用对省级、市级和县级文物进行彻底调查，采取措施保护；其周边景区旅游规模尚未形成	否

二、经济环境外部性指标筛选

（一）防灾减灾

W 水电站汛期预留防洪库容为 9.03 亿 m³，具有控制洪水比例大，距离防洪对象近的特点。J 江沿岸城市的防洪标准仅达到 5～20 年一遇，远远低于国家规定的 50 年一遇标准。W 水电站可以抵挡 J 江校核 100 年一遇洪水。因此，兴建 W 水电站与 V 水电站联合运用是解决 J 江防洪问题的主要工程措施之一，配合其他措施，可使沿岸城市的防洪能力逐步达到国家规定的标准。W 水电站的防洪效益巨大，因此应考虑工程开发对防灾减灾的外部性影响。

（二）航运效应

J 江属山区型河流，因河道狭窄，滩多流急，给航运事业的发展造成较大的困难。W 水电站建于 J 江通航河段上。建坝前 J 江营运通航河段仅 105km 航道，其中 30km 为近Ⅳ级航道），75km 为 V 级航道。W 坝址位于 V 级航道的下端，下距 TB 港 2.5km。W 通航建筑物按Ⅳ级航道标准设计，可通行 2×500t 级一顶二驳船队，水库形成后，将淹没现有需要整治的 84 处碍航滩险，库区将成为行船安全的深水航区，航运条件得以根本改善。同时与 V 水库联合调度，在枯水季平均增加下泄流量约 80m³/s，可改善下游枯水期的航运条件。因此，W 水电工程项目开发将对航运效应产生正外部性影响。

（三）区域经济

在施工期间，施工队伍及家属生活消费额每年将达到 5000 万元以上，对于增加工程附近区域居民收入，促进经济发展有积极推动作用。随着移民安置资金的投入，城镇基础设施逐步完善，交通条件得到改善，为资金短缺的移民安置地区经济发展注入了强大的动力，促进当地资源的开发，推动社会和经济的发展。工程建设和移民安置有利于区域农业产业结构的调整，促进林、牧、渔等产业的发展，使安置区劳动力由经济价值较低的种植业加速向经济价值较高的林业、果茶、渔业和乡镇企业、第三产业等非农产业转变，提高或增加安置区国民经济的增长。

随着 W 水电站的建设和移民资金的投入，库区对外、对内水陆交通条件得到明显改善，带动了周边地区的能源、矿产和农业资源的开发，对当地经济发展起到积极的推动作用。因此 W 水电工程项目开发对区域经济将产生明显的外部性影响。

（四）电网性能

W 水电站是季调节水电站，库容系数为 0.62，可以根据防洪、发电、航运的综合要求进行调度，电站机组冬季主要承担调峰，夏季承担系统部分腰荷。另外，W 水电站是 V 水电站的下游衔接梯级电站，反调节库容大，可以坦化 V 水电站运行时引起的水位波动，释放其承担的航运基荷，使 V 水电站在电力系统中的容量得到充分利用，发挥其巨大、灵活的调峰作用。W 水电工程项目直接和间接的调峰能力使其改善电网性能的外部效果凸显。

根据上面的筛选结果和各报告中数据，W 水电工程项目对经济环境产生的外部性影响评价指标如表 5-2 所示。

表 5-2　W 水电工程项目的经济环境外部性评价指标

影响对象	常规指标	W 电站情况	是否选取
经济环境	防灾减灾	下游防洪标准从 5～20 年一遇提高到 100 年一遇	是
	航运效应	下游 V 级航道升级为 Ⅳ 级航道，库区全部通航	是
	区域经济	施工队伍及家属生活消费额每年达 5000 万元以上；现场筹备和施工期交税 10.15 亿元，经营期交税 1010.09 亿元	是
	电网性能	季调节水电站，库容系数为 0.62，对上游电站反调节库容大，直接和间接提供旋转备用能力	是

三、自然生态环境外部性指标筛选

（一）水环境

1. 流速、含沙量

W 水电站建成后，改变了河流的水文情势，水流流速减缓，平水期流速由建库前的 0.76m/s 减小到建库后的 0.22m/s，但是由于有 V 水库的拦沙作用，W 水库运行的相当长时间内入库沙量大大减少，粒径显著细化。水库运行第 51～60 年总入库沙量仅 9.82 亿 t，有效库容淤损率 8.37%。另外，W 水库下游河道河床主要由基岩、坡积体、泥石流堆积体、沟口砂卵石堆积体等组成，天然情况下，河道基本处于冲淤相对平衡状态，虽然 W 水电站建成后对下游河道冲淤规律带来影响，但冲刷量不大。到第 100 年，悬移质冲刷 437 万 t，推移质淤积 136 万 t，累计冲刷 301 万 t，粗略估计将使河槽平均降低 3～7cm，因此不再考虑上淤下切的外部性影响。

2. 流量

W 水库无论在蓄水初期还是在正常运行期间，最小下泄流量都为 1200m³/s，加上横江的水量，总下泄流量达到 1300m³/s 以上，可以满足下游生产、生活、生态用水的需要。W 水电站对上游水电站的反调节作用可以有效减少上游水电站调峰运行引起的下游不稳定流。W 水电站发电平稳，下游不稳定流在与岷江会合后基本消失。

3. 水质

在 W 水电站运行期，水体稀释能力增大使水体的水环境容量得到提升，另外由于水库的自净作用，水库中的有机污染和重金属污染有所改善。但由于水库流速减缓，稀释和复氧能力下降，库区人口集中的城镇排放的废水在城镇附近水域将形成一定范围的污染带。水库总磷、总氮浓度超标较为严重的时段出现在每年汛期的 6～10 月。这期间水库流速较大，水量交换频繁，从而抑制水库整体发生富营养化。但由于一年中相当长的时间内总磷、总氮浓度处于超标状态，春季随着水温升高，在汛期未到之前，库湾、库汊由于水流缓慢，局部水域可能发生季节性富营养化现象。

W 水电站建成后，坝下河流水质较建库前有所改善，其中 BOD_5 为 0.1～0.9mg/L，DO 为 7.4～9.1mg/L，与建库前相比，除丰水年丰水期外，BOD_5 浓度减少 15%～89%；在多数情况下，下泄水溶解氧减少，但仍大于 7.4mg/L。总体上，W 水电站的修建对下游水质有改善作用，增强了下游水体纳污能力。

综上所述，W 水电工程的开发在施工期，有 3/4 的废水处理后回收利用，剩余的废水处理达标后排放，生活污水也处理达标后排放，对 J 江水质影响较小；在运行期，水库水环境容量增加，但局部水域容易发生季节性富营养化，下泄水体 BOD_5 浓度减小、溶解氧含量减少。因此应考虑项目开发对水环境产生的外部性影响。

（二）大气环境

施工期间，大气环境污染物主要来自砂石料加工系统、混凝土拌和系统和坝基开挖及填筑时的粉尘，爆破和燃油排放的废气，以及交通运输产生的扬尘，其中，主要污染物是粉尘。在未采取除尘降尘措施时，粉尘严重超标，最高超标 13.4 倍，主要影响时段为 2008～2011 年。在施工期间采取除尘降尘措施后，除紧邻施工区的小部分生活区外，其他区域基本不受影响。W 水电工程项目的工程量巨大，工程本身消耗大量的混凝土和钢材，运输和施工期间还将消耗大量的燃油和电力。材料的生产和运输、工程的施工和运行都将直接或间接地排放大量的温室气体，破坏大气环境。

W 水电站的装机容量为 6000MW，多年平均发电量为 307.47 亿 kW·h，属于大（Ⅰ）型水电站，可替代同等规模的燃煤火电厂，相当于每年减少原煤消耗约 1400 万 t，每年减少 CO_2 排放约 2500 万 t、NO_2 约 17 万 t、SO_2 约 30 万 t，减少燃煤火电引起的环境污染，减排效益显著。因此应考虑 W 水电工程项目对大气环境的外部性影响。

（三）陆生生物资源

1. 陆生动物资源

W 水电工程项目工程施工、占地、对外交通、移民安置、水库蓄水都将对陆生动物资源产生一定的负外部性影响。工程施工区和对外交通占地区沿线人类活动干扰大，基本上没有野生动物活动，对动物及其栖息环境的影响很小。在施工期间采取一系列的措施保护野生动物，如禁止施工人员非法猎捕珍稀保护动物，禁止捕食蛙类、蛇类、鸟类、兽类，建立野生动物救护站，救助受伤的野生动物等，可以进一步降低对陆生动物的影响。W 库区内属于国家保护的珍稀动物有 56 种，但是多在远离水库的高山活动，稳定的活动区均在淹没范围之外。由于人类活动干扰大，野生动物在这一范围的生态作用不显著。因此可以忽略工程开发对陆生动物资源的负外部性影响。

2. 陆生植物资源

工程施工、对外交通、移民安置和水库蓄水将直接破坏陆生植物资源，人类活动干扰大，但基本上没有原生植被，多数为人工植被或受人工干扰较大的自然植被。虽然淹没区没有国家、省级重点保护的野生珍稀濒危植物，也无《中国植物红皮书》保护名录中的种类和地方狭域分布的种类，也不会引起物种的消失，但是工程开发将直接破坏或淹没植物个体，造成植被生产量年损失达 3.6 万 t，这些植被除了直接使用的价值外，还有生态服务功能价值。虽然采取了各种植被保护措施，如建立湿润河谷经济林区、营造水土保持林或水源涵养林、建设基本农田、植被恢复、古大树移栽保护等，但也无法弥补工程占地和蓄水淹没造成的植被生态服务功能价值损失，因此 W 水电工程项目施工期对陆生植物资源将产生负外部性影响。

W 水电站正常蓄水位为 380m，死水位为 370m，附近灌区取水口设计水位为 370m，属于表层取水。W 水电站单独运行时坝前水 100km 表层 10m 内均存在温跃层，水深 70m 范围内存在双温跃层，两温跃层之间以 0.1℃/m 的过渡层连接。在联合调度情况下，下层温跃层完全消失，表层温跃层直接以 0.05℃/m 的过渡层过渡到库底。在 5 月升温期，表层水温从坝尾到坝前为 17.5～21.4℃。水稻 4 月中旬播种，5 月初插秧，所需最低温度为 15℃，能够满足发芽和幼苗成长的温度要求，因此也不考虑水温的变化对农作物生产的负外部性影响。

W 水电站的总库容为 51.63 亿 m^3，正常蓄水位水库面积为 95.6km²，控制流域面积为 45.88 万 km²，蓄水后，库区降水量略有减少，库周降水量增加；春季秋季和冬季平均气温略有升高，夏季平均气温降低；极端最低气温升高 1.5～3.4℃，极端最高气温降低 0.5～0.9℃，影响范围不超过 9km；库区形成低湿区，库周 2km 左右为高湿区；水体局地气候效应虽然不会改变 J 江 U 镇以上河谷干热、U 镇以下河谷湿热的特点，但气候效应有利于库区植被的生长。因此，W 水电站运行期水库水体对陆生植物资源具有明显的正外部性影响。

综上所述，W 水电工程项目开发对陆生动物资源的外部性影响较小，可以忽略，但对陆生植物资源的正负外部性影响都较大。

（四）水生生物资源

工程施工期生产废水基本回收利用，剩余的生产废水和生活污水均处理达标后排放，因此水质变化对水生生物资源的影响较小，主要是水体扰动和含沙量增加对水生生物资源产生一定的影响，但二期工程施工在导流底孔下闸封堵后，鱼类洄游通道基本阻断。

W 水电站建成后，161m 的高坝使 J 江下游原有连续的河流生态系统被分隔成不连续的两个环境单元，河流生态系统的完整性、连续性受到破坏。对生活史中需要进行大范围迁移或在局部水域内才能完成生活史的种类，如白鲟、达氏鲟和部分特有、经济鱼类（如圆口铜鱼）的影响十分明显；胭脂鱼的分布较广，大坝的存在也将阻隔上下游种群的交流。大坝成为这些鱼类洄游通道上不可逾越的障碍，鱼类种群被人为隔离成两部分，从种群生物学的角度分析，这种影响的后果可能较严重。

大坝上游由原来水流较为湍急的河流变成一个水流流速缓慢的水库，水体特性的改变使水生植物、微生物、浮游动物、底栖动物、鱼类等的种群结构和数量都随之发生改变。上游原江段的产卵场、索饵场被淹没，将加速达氏鲟等在库区江段产卵物种的灭绝，并严重影响产漂流性卵和黏性卵的经济鱼类的繁殖。但水库同时又为水生生物提供了广阔的越冬场。此外，水库还淹没了某江段珍稀鱼类自然保护区，该江段位于自然保护区核心区内，占整个保护区核心区河段长度的98%，占保护区河段长度的 37%。该保护区的主要保护对象达氏鲟、胭脂鱼等珍稀濒危鱼类，圆口铜鱼和短体副鳅等 C 江上游特有鱼类以及 C 江上游水域生态环境等。淹没后 W 水库库段丧失作为原保护区核心区的意义。

综上所述，虽然针对珍稀特有鱼类采取了很多保护措施，如关键栖息地的保护、人工增殖放流、生态调度、调整泄洪方式等，但大坝阻隔对物种交流和洄游性生物造成不可逾越的障碍，河道变水库使种群结构和数量产生不可逆的影响，原保护区也不可能在邻近水域整体迁移或被其他水域完整替代，水生生物多样性显著下降，而且由于认识不够充分，很多潜在的影响不一定完全考虑到，因此，工程开发对水生生物资源产生负外部性影响。

根据上面的筛选结果和各报告中数据，W 水电工程项目对自然生态环境产生的外部性影响评价指标如表 5-3 所示。

表 5-3　W 水电工程项目的自然生态环境外部性评价指标

影响对象	常规指标	W 水电站情况	是否选取
自然生态环境	水环境	上游大坝拦沙减少库区淤积，下游估计到第 100 年河床平均降低 3～7cm；工程施工和移民安置污废水排放浓度稍高于天然水体本底浓度；水库水体水环境容量增大	部分选取
	大气环境	材料设备生产、运输，工程施工和水库运行阶段产生温室气体；多年平均发电量为 307.47 亿 kW·h，替代火电每年减少 CO_2 排放约 2500 万 t、NO_2 约 17 万 t、SO_2 约 30 万 t	是
	陆生生物资源	征用土地 17.09 万亩[①]，造成植被生产量年损失达 3.6 万 t；采用表层取水灌溉，不影响农作物生产；正常蓄水位水库面积为 95.6km²，改善局地气候	部分选取
	水生生物资源	淹没某江段珍稀鱼类自然保护区；161m 的高坝使 J 江隔断，上游形成库容为 51.63 亿 m³ 的水库，下游夏秋季水量减少、营养物质减少	是

① 1 亩≈666.67 平方米。

第二节 水电工程项目开发环境外部性影响评价指标赋值

《水电建设项目经济评价规范》（DL/T 5441—2010）规定，水电建设项目国民经济评价计算期包括建设期（含初期运行期）和经营期，经营期一般取30年或50年。参考该规范的计算期，确定水电工程项目对社会文化环境、经济环境和自然生态环境的外部性影响的计算期为59年（建设期9年＋经营期50年），W水电工程项目2006年正式开工，2015年完工，2012年移民搬迁完毕并开始蓄水，因此工程总工期为9年，取计算期为2006～2065年，选2012年作为基准年。

一、社会文化环境外部性指标赋值

（一）文化心理资本的外部性价值

W水电开发项目移民工作从2002年可研阶段调查开始，枢纽工程建设区7942人在2005年完成搬迁，库区约11.72万人从2006年开始搬迁，至2012年9月底阶段性完成，前后经历了近10年时间。表5-4给出了枢纽工程建设区和库区移民总数。

表5-4 W水库枢纽工程建设区和库区移民总数 （单位：人）

项目	枢纽工程区2005年搬迁人口			库区2012年搬迁人口		
	农业	非农业	合计	农业	非农业	合计
SA县	44	—	44	25261	30659	55920
SB县	—	—	—	1074	92	1166
SC市	2084	12	2096	—	—	—
S省	2128	12	2140	26335	30751	57086
TA县	276	11	287	26416	27655	54071
TC县	—	—	—	2603	1927	4530
TB市	3580	1935	5515	1471	23	1494
T省	3856	1946	5802	30490	29605	60095
合计	5984	1958	7942	56825	60356	117181

由于枢纽工程区移民仅占工程移民总数的6.35%，库区SB县移民仅占S省移民的2.04%、TC县移民仅占T省移民的7.54%、TB市移民仅占T省移民的

2.48%，因此本书以项目开发对 S 省 SA 县和 T 省 TA 县移民收入的变化为代表计算工程对移民文化心理资本外部性价值的影响。

根据国家统计局、国家统计局云南调查总队、SC 市统计局、TA 县人民政府等相关网站，以及 SA 年鉴和 TA 年鉴，可查出 S 省、SA 县、T 省、TA 江县各年的农村居民人均可支配收入和城镇居民人均可支配收入，如表 5-5 所示。

表 5-5　农村和城镇居民人均可支配收入　　（单位：元）

年份	农村居民人均可支配收入				城镇居民人均可支配收入			
	S 省	SA 县	T 省	TA 县	S 省	SA 县	T 省	TA 县
2004	2580	2228	1864	1210	7710	3729	8871	6601
2005	2803	2248	2042	1361	8385	4220	9266	7782
2006	3002	2330	2251	1512	9350	4843	10070	8406
2007	3547	2675	2634	1765	11098	5565	11496	9653
2008	4121	3176	3103	2224	12633	6607	13250	10483
2009	4462	3578	3369	2578	13839	8374	14424	11483
2010	5087	4112	3952	2911	15461	9568	16065	12735
2011	6129	5058	4722	3416	17899	11307	18576	14385
2012	7001	5756	5417	3970	20307	13003	21075	16772
2013	7895	6528	6141	4736	22368	14382	23236	19305
2014	8803	7288	7456	6499	24234	16420	24299	19127
2015	9798	9801	8242	7181	26205	19933	26373	20622
2016	11203	10708	9020	7928	28642	21527	28611	22313

W 水电工程移民从 2005 年开始，一直到 2012 年结束，由于搬迁过程中的不确定因素以及各县搬迁开始时间不一致，因此仅考虑搬迁完成后项目开发对工程移民的影响，工程开发对移民的文化心理资本外部性的影响计算起点选定为 2012 年。

1. 无项目时，枢纽工程区和库区居民可支配收入变化趋势预测

根据表 5-5 可以计算出 2004 年和 2005 年 SA 县和 TA 县农村居民人均可支配收入和城镇人均可支配收入分别占 S 省和 T 省相应收入比例的平均值，分别为 0.83（SA 农村）、0.66（TA 农村）、0.49（SA 城镇）和 0.79（TA 城镇）。把 S 省和 T 省农村居民人均可支配收入和城镇居民人均可支配收入分别乘以 SA 县和 TA 县农村和城镇居民人均可支配收入占 S 省和 T 省的比例，预测没有 W 水电工程项目开发时，枢纽工程区和库区居民的收入变化趋势。

2. 无项目时，安置地居民的可支配收入变化趋势预测

根据表 5-5 可以计算出 2004～2016 年 S 省和 T 省农村和城镇居民人均可支配

收入的平均增长率，分别为 0.13（S 农村）、0.14（T 农村）、0.12（S 城镇）和 0.10（T 城镇）。根据该增长率预测没有 W 水电工程项目开发时，安置地居民的可支配收入变化趋势。计算起点 2012 年安置地居民的可支配收入取 SA 县和 TA 县当年的农村和城镇居民人均可支配收入。

3. 有项目时，移民可支配收入的变化趋势预测

政府、工程开发主体等将对移民提供各种政策的支持，对口支援，配套设施的修建，各种赔偿、补偿和补助的发放，使移民的收入增长率提高，以历年 SA 县和 TA 县的居民实际可支配收入增长率的平均值估算 W 水电工程项目开发时 S 省和 T 省移民可支配收入的变化趋势。据表 5-5 可以计算出 2004~2016 年 SA 县和 TA 县的移民可支配收入增长率的平均值，分别为 0.14（SA 农村）、0.17（TA 农村）、0.16（SA 城镇）和 0.11（TA 城镇）。计算起点 2012 年 S 省和 T 省移民的可支配收入取当年无项目时枢纽工程区和库区居民可支配收入。

4. 有无项目时，S 省和 T 省农村和城镇居民可支配收入

根据上述计算方法可以得出有无 W 水电工程项目时枢纽工程区和库区居民、安置地居民和移民的收入变化趋势，如表 5-6 所示。

表 5-6　有无项目时 S 省和 T 省农村人均和城镇居民可支配收入 （单位：元）

年份	农村居民人均可支配收入						城镇居民人均可支配收入					
	S省		T省				S省			T省		
	无项目	有项目	无项目		有项目		无项目		有项目	无项目		有项目
	枢纽工程区、库区居民	安置地居民	移民	枢纽工程区、库区居民	安置地居民	移民	枢纽工程区、库区居民	安置地居民	移民	枢纽工程区、库区居民	安置地居民	移民
2012	5601	5756	5601	3575	3970	3575	9950	13003	9950	16649	16772	16649
2013	6316	6504	6385	4053	4526	4183	10960	14563	11542	18356	18449	18481
2014	7042	7350	7279	4921	5159	4894	11875	16311	13389	—	—	—
2015	7838	8305	8298	5440	5882	5726	12840	18268	15532	—	—	—
2016	8962	9385	9460	5953	6705	6700	14035	20460	18017	—	—	—
2017	—	—	—	6787	7644	7838	15719	22916	20899	—	—	—
2018	—	—	—	—	—	—	17605	25666	24243	—	—	—
2019	—	—	—	—	—	—	19718	28745	28122	—	—	—
2020	—	—	—	—	—	—	22084	32195	32622	—	—	—

5. 工程开发对 S 省和 T 省农村和城镇移民文化心理资本的外部性影响

　　根据表 5-6 结果，S 省农村移民可支配收入将在 2016 年超过安置地居民可支配收入，T 省农村移民可支配收入将在 2017 年超过安置地居民可支配收入，S 省城镇移民可支配收入在 2020 年超过安置地居民可支配收入，T 省城镇移民可支配收入在 2013 年超过安置地居民可支配收入。因此，W 水电工程开发对 S 省与 T 省农村移民和城镇移民文化心理外部性的计算终点分别为 2015 年（S 省农村）、2016 年（T 省农村）、2019 年（S 省城镇）和 2012 年（T 省城镇）。根据式（3-3）计算出工程开发对 S 省和 T 省农村和城镇移民的文化心理资本产生的外部性影响价值，如表 5-7 所示，文化心理外部性价值的变化趋势如图 5-1 所示。

表 5-7　S 省与 T 省农村移民和城镇移民文化心理外部性价值

年份	农村移民				城镇移民				共计/亿元
	S 省		T 省		S 省		T 省		
	人均/元	共计/亿元	人均/元	共计/亿元	人均/元	共计/亿元	人均/元	共计/亿元	
2012	−155	−0.04	−395	−0.14	−3053	−0.94	−123	−0.04	−1.16
2013	−50	−0.01	−213	−0.07	−2439	−0.75	—	—	−0.83
2014	165	0.05	−292	−0.10	−1407	−0.43	—	—	−0.48
2015	452	0.13	131	0.04	−46	−0.01	—	—	0.16
2016	—	—	741	0.25	1538	0.47	—	—	0.72
2017	—	—	—	—	3164	0.97	—	—	0.97
2018	—	—	—	—	5216	1.60	—	—	1.60
2019	—	—	—	—	7781	2.39	—	—	2.39

　　注：“—”表示当移民收入超过安置地居民收入后不再计算外部性价值。

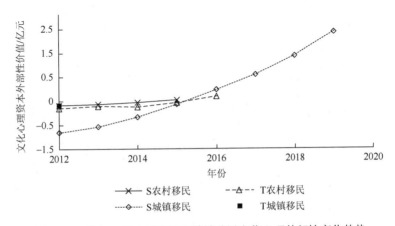

图 5-1　S 省与 T 省农村移民和城镇移民文化心理外部性变化趋势

根据计算结果可以得到以下结论。

（1）W 水电工程项目开发对 T 省城镇移民的文化心理资本外部性影响时间最短、影响程度最小，主要原因在于 TA 县新县城距老县城仅 1km，安置地与原居住地的文化相同。

（2）SA 县新县城距老县城 50km，移民与安置区居民文化差距较大，导致工程开发对 S 省城镇移民的文化心理资本外部性影响时间最长、影响程度也最大。搬迁刚刚结束时，项目开发对 S 省城镇移民的文化心理资本产生负外部性影响，2015 年负外部性影响基本消失，2016 年以后产生正外部性影响，2020 年以后移民与安置地居民融为一体，不再考虑工程开发对移民文化心理资本的外部性影响。但同时也可以看出，借助水电工程开发的契机，移民收入大幅提高。

（3）由于农村移民相互之间文化交流沟通较多，搬迁安置对农村移民文化心理资本的外部性影响较小。相比之下，工程开发对 T 省农村移民文化心理资本外部性的影响比 S 省稍大，但搬迁刚结束时都产生负外部性影响，随后逐渐变为正外部性影响，当移民与安置地居民融为一体后外部性影响消失。

可见，水电工程项目开发对移民的文化心理资本既产生负外部性影响，也产生正外部性影响，移民安置地选址最好为距原址较近的、文化差异不大的地方，从源头降低对移民文化心理资本的影响。

6. W 水电工程项目开发对移民文化心理资本的外部性影响

根据前面的预测结果，可以计算出 W 水电工程项目开发对移民文化心理资本的外部性影响，如图 5-2 所示。

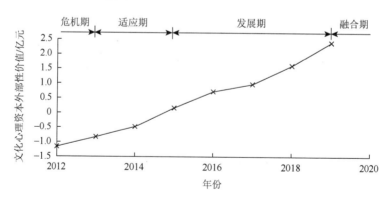

图 5-2   W 水电工程开发对移民文化心理资本的外部性影响

总体来看，W 水电工程项目开发对移民文化心理资本的外部性影响可以分为四个阶段：危机期、适应期、发展期和融合期。在危机期（2013 年以前），移民的各种心理问题和文化冲突明显，主要产生负外部性影响；在适应期（2013～2015

年），移民文化与当地文化逐渐融合，移民生活水平逐渐提高，心理问题也逐渐消失，搬迁安置对移民文化心理资本产生的负外部性影响逐渐转变为正外部性影响；在发展期（2015～2019 年），随着文化的融合，带来新的机遇和发展机会，搬迁安置对移民文化心理资本产生的正外部性影响逐渐增大；在融合期（2019 年及以后），移民与当地居民融合成为一个新的整体，形成了多元的文化，不再考虑搬迁安置对移民文化心理资本的外部性影响。

（二）自然资本的外部性价值

W 水电工程项目枢纽工程建设区生产安置人口为 5639 人，其中第二、三产业安置移民 647 人（SC 县 386 人和 TB 市 261 人）；库区移民中生产安置人口2012 年为 46133 人，其中第二产业、第三产业安置移民 5178 人（S 省 913 人，含SA 县 863 人、SB 县 50 人；T 省 4265 人，含 TA 县 4114 人、TC 市 151 人）。W 水电工程项目的移民中失去土地移民共计 5825 人，其中 S 省 1299 人，T 省4526 人。

根据《失业保险条例》，失业保险金的标准，按照低于当地最低工资标准高于城市居民最低生活保障标准的水平，由省、自治区、直辖市人民政府确定，本书把农村最低生活保障标准作为失业金领取标准。另根据第二产业、第三产业安置人口比例以及数据的可获性，取 SC 市和 TA 县农村最低生活保障标准作为 S 省和T 省移民中第二产业、第三产业安置人口的最低生活保障标准。SC 市 2008 年农村居民最低生活保障标准为 695.8 元/(人·年)，2012 年调整为 1900 元/(人·年)；TA 县 2010 年农村居民最低生活保障标准为 1143 元/(人·年)，2012 年调整为1716 元/(人·年)。

W 水电工程导致移民失去的自然资本主要为耕地，因此仅核算项目开发造成移民失去耕地产生的外部性影响。根据《大中型水利水电工程建设征地补偿和移民安置条例》（国务院令第 471 号）和《W 水电站 T 库区农业移民安置实施意见》对移民补偿补助和生产安置的有关规定，遵循"达到或者超过原有水平"的原则，以可研阶段 W 水电站库区淹没人均耕园地三年平均产值为测算依据，库区人均耕地不足 1 亩，规划按人均 1 亩耕地（其中水田 0.7 亩、旱地 0.3 亩）的标准配置土地，年亩产值为 1966 元，因此，在基准年前三年，淹没区耕地单位产值的平均值为 1996 元。

W 水电工程移民于 2012 年全部搬迁完毕，因此统计人口按 2012 年人口计算，不再考虑 2012 年以后增加人口的自然资本损失，而且仅考虑搬迁完成后两年内（即 2012 年和 2013 年）自然资本损失产生的就业保障功能损失的负外部性影响。W 水电工程项目开发造成移民失去自然资本的外部性价值为

$$SW_2 = \sum_{i=1}^{m} \sum_{j=1}^{n} RL_{ij} \times (V_i - B_{ij}) \times f_1(x) \times 10^{-4}$$

$$= [(386+913) \times (1900-1966) + (261+4625) \times (1716-1966)] \times f_1(x) \times 10^{-4}$$

(5-1)

式中，B_{ij} 为淹没区耕地的自然资本；i 为第 i 个淹没区；j 为第 j 个耕地。

由于失业金的领取最多为两年，两年后通过就业指导和技能培训移民应能够再就业，因此水电工程项目开发对移民的自然资本产生的外部性影响在两年后消失。项目开发主体和政府要对失去自然资本的移民进行技能培训和就业指导，假定两年内对自然资本损失的外部性影响呈线性递减的趋势，即 $f_1(x)$ 第一年为 1，第二年为 0.5，第三年以后为 0，计算得到 2012 年移民失去自然资本的外部性损失为 −0.012 亿元，2013 年为 −0.006 亿元。

（三）社会资本的外部性价值

W 水库淹没影响区和枢纽工程建设区总共迁移人口为 12.51 万人，其中农业人口为 6.28 万人，非农业人口为 6.23 万人，需要外迁安置人口 1.84 万人（库区 18142 人，枢纽工程建设区 217 人），分散安置人口 3144 人（SA 县 2150 人[162]，SB 县 156 人，TA 县 463 人，TC 市 375 人），移民中每户人口约为 4 人。外迁安置人口中 SA 县搬迁至 SC 各县的人数有 6523 人，从 SC 到 SA 县的大巴车费用为 81 元；TA 县搬迁至 TD 县的有 11463 人，从 TA 县到 SC 大巴车费用为 35 元，从 SC 到 TE 的大巴车费用为 135 元，从 TE 到 TD 县的大巴车费用为 161 元，因此从 TA 县到 TD 县的大巴车费用为 331 元；其余 373 人的回家单程车费按均值 206 元计。假设 W 水电站 2012 年全部搬迁完成时移民的平均年龄为 30 岁，人均预期寿命按 75 岁计算，则移民社会资本中情感支持损失的外部性价值计算期为 45 年。移民重建社会关系网络的时间假设为 3 年，以递减的方式考虑社会资本损失中的劳动力损失的外部性价值，则

$$T_1 = f_2(x) \times H_y \times d_1 \times \overline{Z} \times 10^{-8} = f_2(x) \times 18359/4 \times 26 \times \left(\frac{43+46}{2}\right) \times 10^{-8}$$ (5-2)

$$T_2 = (4 \times H_y \times T_{21} + H_f \times T_{22} + H_f \times T_{23}) \times 10^{-8}$$ (5-3)

$$= [(81 \times 6523 + 331 \times 11463 + 206 \times 373) \times 2 + 3144/4 \times 736 + 3144/4 \times 58 \times 12] \times 10^{-8}$$

$$= -0.10 (亿元)$$

因此，W 水电工程项目开发造成移民社会资本损失的年均外部性价值如下。

2012 年，$SW_3 = T_1 + T_2 = -0.18$(亿元)；

2013 年，$SW_3 = T_1 \times \dfrac{2}{3} + T_2 = -0.15$(亿元)；

2014 年，$SW_3 = T_1 \times \dfrac{1}{3} + T_2 = -0.12$(亿元)；

2015～2056 年，$SW_3 = T_2 = -0.10$(亿元)。

可以看出，移民搬迁后社会关系网络破裂，产生社会资本损失，搬迁结束后第一年（2012 年）外部性损失较大，但是随着社会关系网络的重建，在搬迁结束后第四年（2015 年）建立起新的社会关系网络，社会资本中帮助支持损失的外部性价值消失，仅剩下情感支持损失的外部性价值，该外部性损失仅考虑移民这一代人，不考虑下一代人，在 2056 年以后工程项目开发对移民社会资本产生的负外部性影响消失。

（四）水电工程项目开发对社会文化环境的外部性影响价值

根据前面的计算结果，可以得出 W 水电工程项目开发对社会文化环境产生的外部性影响，如表 5-8 所示。

表 5-8　W 水电工程项目开发对社会文化环境各外部性指标的影响值（单位：亿元）

年份	文化心理	自然资本	社会资本	社会文化环境外部性
2012	−1.16	−0.012	−0.18	−1.35
2013	−0.83	−0.006	−0.15	−0.99
2014	−0.48	—	−0.12	−0.60
2015	0.16	—	−0.10	0.06
2016	0.72	—	−0.10	0.62
2017	0.97	—	−0.10	0.87
2018	1.60	—	−0.10	1.50
2019	2.39	—	−0.10	2.29
2020	—	—	−0.10	−0.10
⋮	⋮	⋮	⋮	⋮
2056	—	—	−0.10	−0.10

W 水电工程项目开发对社会文化环境各外部性指标在不同年份的影响程度如图 5-3 所示。通过分析 W 水电工程项目开发对社会文化环境各指标的外部性影响程度，可以得出以下结论。

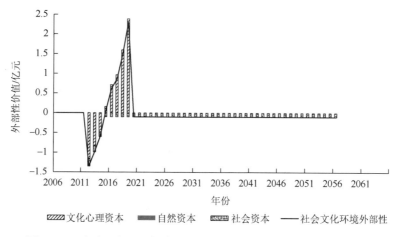

图 5-3　W 水电工程项目开发对社会文化环境各指标的外部性影响值

（1）W 水电工程项目开发对移民的文化心理资本影响最大，搬迁结束后，对文化心理资本的负外部性影响较大，随着移民对新的生产生活方式的适应以及文化的交融，对文化心理资本的负外部性影响逐渐转变为正外部性影响，8 年后当移民与安置地居民融为一体后，对文化心理资本的外部性影响消失；对自然资本的负外部性影响较小，仅体现在搬迁完成后第一年和第二年，之后采用就业指导和技能培训等措施避免了失去土地造成就业保障损失产生的自然资本负外部性影响；对社会资本的负外部性影响在搬迁刚结束后也较大，随着新的社会关系网络的重构，对社会资本中帮助支持的负外部性影响逐渐减小，之后仅体现为当代移民的情感支持损失产生的社会资本负外部性影响。

（2）总体来看，搬迁刚刚结束的时段是移民的各种心理问题、文化冲突、社会关系网络破裂等问题凸显的时段，因此负外部性影响较大，最大达到–1.35 亿元（2012 年）。随后由于移民补偿、安置、后期扶持等政策的完善、社会各界的支持、移民逐渐适应新的生活方式、社会关系网络的重构，负外部性影响逐渐降低，并于 2015 年转为正外部性影响。当移民与安置地居民融为一体后，正外部性影响达到最大值 2.29 亿元（2019 年），随后对文化心理资本的外部性影响消失，仅剩下对移民当代人社会资本的负外部性影响，平均每年为–0.10 亿元。

二、经济环境外部性指标赋值

（一）防灾减灾的外部性价值

W 水电站控制了 J 江 97%的流域面积，水库因排沙需要汛期降低水位至 367m

运行，腾空库容为 13.58 亿 m³，可以提高下游沿江城镇的防洪能力。当 K 江出现洪峰时，W 水库可以运用预留的库容发挥滞洪错峰作用，使下游 SC 市的防洪能力从 6～7 年一遇提高到 20 年一遇的防洪标准。

根据水利部长江水利委员会编制的《J 江 W 水电站防洪专题研究报告》，W 工程的防洪效益主要体现在 C 江中下游地区。配合 V 水电站预留的防洪库容 46.5 亿 m³（其中后备库容为 10 亿 m³）的联合运用，可使 J 江 1%频率的洪水降为 3.0%，2%洪水降为 6.7%，3.33%洪水降为 8.3%（V 电站单库运行可将 J 江 1%频率的洪水降为 2.3%，2%洪水降为 5.0%，3.33%洪水降为 6.7%）。并可削减 C 江中下游 1%、2%、3.33%频率洪水成灾洪量分别为 5.6 亿 m³、3.3 亿 m³ 和 1.7 亿 m³。V 电站预留 10 亿 m³ 后备防洪库容方案相应的 W 防洪效益为 1.356 亿元（1998 年水平），其中 C 江中下游占 77.9%；V 电站不预留后备防洪库容方案相应的 W 防洪效益为 1.568 亿元（1998 年水平），其中 C 江下游占 80.5%。

陈惠芳（2014）[163]在研究中国物价水平变动情况时，采用了三个衡量物价的指标，即居民消费物价指数（consumer price index，CPI）、商品零售价格指数和工业生产者出厂价格指数，得出自改革开放以来，中国物价水平总体呈现持续上涨趋势。在此从消费的角度出发并考虑通货膨胀率，采用累计 CPI 来体现中国物价水平的变化趋势，见表 5-9。

表 5-9 中国物价水平总体变化趋势

年份	累计 CPI	年份	累计 CPI	年份	累计 CPI
1996	413.8	2002	417.3	2008	503.1
1997	425.3	2003	422.3	2009	499.6
1998	421.9	2004	438.7	2010	516.1
1999	416.0	2005	446.6	2011	544.0
2000	417.7	2006	453.3	2012	558.0
2001	420.6	2007	475.1	2013	572.7

数据来源：根据国家统计局网站统计数据整理得到。

根据物价水平的变化趋势，折合 2012 年物价水平，得到 V 电站不预留后备防洪库容方案时相应的 W 电站防洪效益为 2.074 亿元。根据《W 水电站可行性研究报告》，洪灾损失增长率取 3%，此时 W 水电工程防灾减灾的外部性价值为

$$JJ_1 = 2.074 \times (1+0.03)^{Year-2012} \ (亿元) \tag{5-4}$$

根据式（5-4），可以预测 W 水电工程对防灾减灾产生外部性影响的变化趋势，如图 5-4 所示。

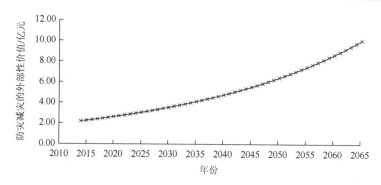

图 5-4　防灾减灾外部性收益的变化趋势

W 水库 2012 年 10 月开始蓄水，2014 年开始正常运行，因此从 2014 年开始计算防灾减灾的外部效益。由于洪灾损失随国民经济的发展和社会的进步逐年增加，因此 W 水电工程产生的防灾减灾外部性收益也呈现出不断增加的趋势。洪水在时间出现上具有随机分布的特性，只有当遇到原来不能防御的大洪水时防洪效益的外部性价值才能体现出来，因此水电工程项目开发带来的防灾减灾的外部效益是一种潜在的外部效益，不能直接与其他外部效益或成本叠加计算总的外部效益或成本，应单独分析，仅在遇到原来不能防御的大洪水时考虑。

（二）提高航运效应产生的外部效益

W 电站建坝前，2002 年坝址处客、货运量分别为 13.78 万人·次和 38.08 万 t。根据《C 江流域水资源保护规划》，W 电站航运过坝建筑物按Ⅳ级航道标准设计，可通过 2×500t 级船队，W 水电工程项目开发使航道由Ⅴ级提高到Ⅳ级，改善航道里程 156.6km。以 2035 年作为航运设计水平年，预测过坝货运量为 112 万 t、客运量 40 万人·次；施工期 2010 年水平过坝运量为 60 万 t、15 万人·次。

1. 节省运输费用效益

根据 W 电站开发公司发布的《2016 年度社会责任报告》，水电工程项目开发使航运成本降低 35%～37%；铁路货物运输成本取 0.12 元/（t·km），参照三峡工程无项目时航运成本 60 元/（kt·km）；根据交通部、国家计委发布的《关于调整交通部直属水运企业客运票价的通知》（计价格〔1994〕21 号），水运企业客运票价调整为每人每千米一角零八厘元；高速铁路平均每人每千米为 0.42 元。可以计算出节省运输费用的年均效益为

$$H_1 = \{156.6 \times 38.08 \times 10 \times (60-40) + (112-38.08) \times 10 \times (156.6 \times 120 - 156.6 \times 40)$$
$$+ 156.6 \times 13.78 \times 10^4 \times (0.18-0.12) + (40-13.78) \times 10^4 \times (156.6 \times 0.42 - 156.6 \times 0.18)\} \times 10^{-8}$$
$$= 0.22(亿元) \tag{5-5}$$

2. 提高运输效率效益

重庆至宜昌水路长 668km，根据 W 电站开发公司发布的《2016 年度社会责任报告》，与 2003 年前相比，典型船型在汉渝间往返一次，总节省时间枯水期为 68~74h，洪水期为 61~112h，取 74h，折算 W 电站改善航道 156.6km，节约航行时间 17h。三峡大坝建成后的年均货运量为 7880 万 t，对应的年过坝船舶约 44000 艘，折算成年均货运量 112 万 t 对应的年过坝船舶约 625 艘，航行费用为 0.06 万元/（艘·天），过坝货物平均价格取 1643 元/t；生产人员数按客运量 40 万人次的一半估算，2016 年人均国民总收入为 8260 美元，按汇率 6.6 折算人民币为 54516 元。因此提高运输效率的年均效益为

$$H_2 = \left(\frac{40/2 \times 17 \times 54516}{365 \times 8 \times 2} + \frac{1643 \times 112 \times 17}{365 \times 24} + 0.06 \times 17 \times 625/24 \right) \times 10^{-4} = 0.36(亿元) \tag{5-6}$$

3. 降低航道事故效益

航道改善使得事故发生比率降低 0.06 次/万 t[164]，事故处理费用约 10.26 万元/次，因此降低航道事故的年均效益为

$$H_3 = 10.26 \times 10^{-4} \times 0.06 \times 112 = 0.01(亿元) \tag{5-7}$$

因此，W 水电工程项目开发带来的航运效应的外部性价值为 0.59 亿元/年。W 水电站升船机于 2018 年 5 月开始试通航，2019 年开始具备 24h 不间断通航能力，因此通航效益的外部性价值从 2019 年开始计入。

（三）刺激区域经济发展的外部效益

1. 水电工程项目开发带动区域经济总量增长产生的外部效益

根据《W 水电站可行性研究报告》，W 水电站项目的财务评价计算期为 2003~2042 年，筹备期和施工期（2003~2012 年）需缴纳的税费为 10.15 亿元，运行期（2013~2042 年）需要缴纳的税额为 1010.09 亿元（2006 年价格水平），见表 5-10。筹备期和施工期主要缴纳建筑安装营业税、城建税、教育费附加、地方教育费附加、印花税，全部归地方政府财政。运行期主要缴纳增值税、附加税和所得税，

其中增值税和所得税都是国地共享，中央政府与地方政府的分配比例分别为 3∶1
和 3∶2，附加税归地方政府财政。

表 5-10　W 水电站财务评价计算期内需要缴纳的税额

税额		税率/%	总税款/亿元	国税分成/亿元	地税分成/亿元	年均地税/亿元
筹备期和施工期		—	10.15	—	10.15	1.13
运行期	增值税	17	441	330.75	110.25	3.68
	附加税	8	35.28	0	35.28	1.18
	所得税	33	533.81	320.29	213.52	7.12

因此，按 2006 年价格水平计算，W 水电站在筹备期和施工期每年平均缴纳
地税 1.13 亿元，在运行期每年平均缴纳地税 11.98 亿元，折算到 2012 年价格水平
分别为 1.39 亿元和 14.75 亿元。工程项目财务评价计算期满后，工程将持续提供电
力产品，为工程周边地区政府带来的税收增加值仍按年均 14.75 亿元计算。按财务内
部收益率为 10%计算（根据《W 水电站可行性研究报告》），W 水电工程项目开发对
区域经济的外部性影响中促进地区经济总量增长、带动相关产业发展、推动经济结
构调整、增加政府财政收入、加快基础设施改善、促进城镇化进程和社会主义新农
村建设的外部效益，即筹备期和施工期平均每年的外部效益为 0.14 亿元，在运行
期平均每年的外部效益为 1.48 亿元。

2. 水电工程项目开发在施工期拉动就业等产生的外部效益

W 水电站位于 T 省 TF 市、TB 市和 S 省 SC 市境内 J 江下游，因此工程施工
期间对区域经济发展的刺激作用主要体现在 TB 市和 SC 市。W 电站工程于 2004
年开始筹建，2006 年正式开工建设，2012 年首批机组投产，2015 年全面投产。

1）SC 市

从 SC 市统计局可以查到施工期间 SC 市每年的 GDP 和就业人数，进而可以
计算出 GDP 和就业人数增长率以及就业弹性系数，如表 5-11 所示。再根据就业弹
性系数公式可以反算出 GDP 增长带动的岗位增长数（GDP 增长带动的岗位增长
数 = 当年就业弹性系数×当年 GDP 增长率×上年就业人数）。

表 5-11　2003～2015 年 SC 市 GDP 和就业人数以及拉动就业等外部效益

年份	GDP/万元	GDP增长率/%	就业人数/人	就业增长率/%	就业弹性系数	岗位增减/个	职工年平均工资/元	外部效益/亿元
2003	445037	—	26137	—	—	—	—	—
2004	535481	0.20	24785	−0.05	−0.25	−1306.85	14101	−0.18

续表

年份	GDP/万元	GDP增长率/%	就业人数/人	就业增长率/%	就业弹性系数	岗位增减/个	职工年平均工资/元	外部效益/亿元
2005	485448	−0.09	25171	0.02	−0.22	495.70	15514	0.08
2006	560204	0.15	32562	0.29	1.93	7299.59	16373	1.20
2007	712478	0.27	35633	0.09	0.33	2930.58	19979	0.59
2008	860533	0.21	37696	0.06	0.29	2137.98	22786	0.49
2009	905001	0.05	47008	0.25	5.00	9424.00	23847	2.25
2010	1087880	0.20	60355	0.28	1.40	13162.24	25549	3.36
2011	1388966	0.28	71544	0.19	0.68	11467.45	28753	3.30
2012	1600569	0.15	79274	0.11	0.73	7869.84	33769	2.66
2013	1810823	0.13	79948	0.01	0.07	746.82	38653	0.29
2014	2010355	0.11	76272	−0.05	−0.42	−3707.25	41834	−1.55
2015	2173111	0.08	77407	0.01	0.18	1082.81	47487	0.51

2）TB 市

从中国统计信息网、TB 市统计局以及 TB 市年鉴中可以查到施工期间 TB 市每年的 GDP 和就业人数，进而可以计算出 GDP 和就业人数增长率以及就业弹性系数，如表 5-12 所示。再根据就业弹性系数公式可以反算出 GDP 增长带动的岗位增长数。

表 5-12　2003～2012 年 TB 市 GDP 和就业人数以及拉动就业等外部效益

年份	GDP/万元	GDP增长率/%	就业人数/人	就业增长率/%	就业弹性系数	岗位增减/个	职工年平均工资/元	外部效益/亿元
2003	79932	—	48624					
2004	128034	0.602	49075	0.01	0.02	451.00	17981	0.08
2005	164624	0.286	48200	−0.02	−0.06	−875.00	21241	−0.19
2006	186483	0.133	48392	0.00	0.03	192.00	21191	0.04
2007	214752	0.152	49200	0.02	0.11	808.00	25090	0.20
2008	235073	0.095	51400	0.04	0.47	2200.00	29753	0.65
2009	229746	−0.023	53000	0.03	−1.37	1600.00	27705	0.44
2010	256171	0.115	53600	0.01	0.10	600.00	28972	0.17
2011	309502	0.208	54800	0.02	0.11	1200.00	32810	0.39
2012	373680	0.207	56100	0.02	0.11	1300.00	34519	0.45
2013	455217	0.218	56300	0.00	0.02	200.00	38484	0.08
2014	495114	0.088	54000	−0.04	−0.47	−2300.00	42371	−0.97
2015	490422	−0.009	54500	0.01	−0.98	500.00	49127	0.25

根据工程开发拉动 SC 市和 TB 市就业等产生的外部效益，可以计算出 W 水电工程项目在施工期（2006～2015 年）对项目所在区拉动就业、增加居民收入等方面的外部效益，如表 5-13 所示。

表 5-13   W 水电工程项目施工期为工程周边地区带来的拉动就业等方面的外部效益

年份	拉动就业等外部效益/亿元	年份	拉动就业等外部效益/亿元
2005	−0.11	2011	3.69
2006	1.24	2012	3.11
2007	0.79	2013	0.37
2008	1.14	2014	−2.52
2009	2.69	2015	0.76
2010	3.53		

3. 水电工程项目开发刺激区域经济发展产生的外部效益

W 水电工程项目刺激经济发展的外部效益如表 5-14 所示。

表 5-14   W 水电工程项目开发刺激经济发展的外部效益（单位：亿元）

年份	税收增加值	拉动就业等效益	区域经济外部效益
2005	0.14	−0.11	0.03
2006	0.14	1.24	1.38
2007	0.14	0.79	0.93
2008	0.14	1.14	1.28
2009	0.14	2.69	2.83
2010	0.14	3.53	3.67
2011	0.14	3.69	3.83
2012	0.14	3.11	3.25
2013	1.48	0.37	1.85
2014	1.48	−2.52	−1.04
2015	1.48	0.76	2.24
2016	1.48	0	1.48
2017	1.48	0	1.48
⋮	⋮	⋮	⋮
2065	1.48	0	1.48

根据 W 水电工程项目开发带动区域经济总量增长产生的外部效益和水电工程项目开发在施工期拉动就业等产生的外部效益，可以计算出 W 水电工程项目开发刺激区域经济发展产生的外部效益，如图 5-5 所示。

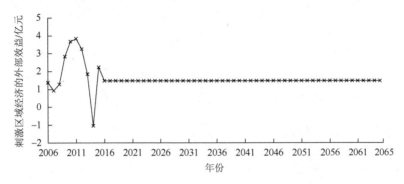

图 5-5　W 水电工程项目开发带动区域经济发展外部性价值的变化趋势

可见，W 水电工程项目开发对区域经济主要产生正外部性影响，施工期外部性影响主要体现为拉动就业和增加税收带来的外部性价值，随着工程投资和施工强度的变化而波动，最大值出现在 2011 年，为 3.83 亿元，工程于 2013 年进入完建期，投资减少使税收和拉动就业等效益降低，2014 年出现负值，为−1.04 亿元；2015 年工程竣工并正常发电，税收效益凸显，使外部性影响陡增至 2.24 亿元；2016 年以后运行期外部性影响主要体现为税收增加带来的外部效益，年均为1.48 亿元。

（四）电网调节的外部性价值

水电机组凭借其灵活性在电力系统中具有旋转备用功能，备用容量一般占系统最大装机容量的 5%～10%。W 水电站装机容量为 6000MW，备用比例取 8%，则 W 电站为电网系统提供的旋转备用容量为 480MW。火电替代方案的装机可以取相应水电装机的 1.1 倍[165]，则相应替代方案的旋转备用容量为 1.1×480＝528MW，即 $\Delta C = 528MW$。火电机组的有效使用期为 25 年，贴现率为 10%[166]，W 水电机组的有效运行期按第 1 台机组投入商业运行算起，取 50 年。燃煤火电机组（600MW）综合造价按加权平均值 4200 元/kW 计算。承担旋转备用的火电机组的最小技术出力系数为 0.7，火电机组稳定运行和变出力运行时的年运行费率分别为 4.5%和 5.0%，火电机组平均每年检修时间为 45 天，额定功率和非额定功率下的煤耗率分别为 330g/(kW·h)和 345g/(kW·h)[167]。水电站的年运行费可按其投资或造价的 1%～2%计算，这里取中间值 1.5%。以大同地区的煤炭为样本，发热量 5500 大卡煤在秦皇岛港的平仓价（即将煤运到港口并装到船上的价格）达到 500 元/t，应该是盈亏平衡点，折算为标煤后为 636.36 元/t。

1. 替代方案的容量费用

$$
\begin{aligned}
G_1 &= \Delta CK_H[1 + (P/F, i_1, n_1)](A/P, i_1, n_2) \\
&= 528 \times 10^3 \times 4200 \times [1 + (P/F, 10\%, 25)](A/P, 10\%, 50) \times 10^{-8} \\
&= [528 \times 10^3 \times 4200 \times (1 + 0.0923) / 9.9148] \times 10^{-8} \\
&= 2.44 (亿元)
\end{aligned} \tag{5-8}
$$

2. 替代方案的年运行费用

$$
\begin{aligned}
G_2 &= R_v \frac{\Delta C}{\alpha} K_H - R_c(1-\alpha)\frac{\Delta C}{\alpha} K_H = (R_v - R_c + R_c \alpha)\frac{\Delta C}{\alpha} K_H \\
&= \left[(5.0\% - 4.5\% + 4.5\% \times 0.3) \times \frac{528 \times 10^3}{0.3} \times 4200 \right] \times 10^{-8} \\
&= 1.37 (亿元)
\end{aligned} \tag{5-9}
$$

3. 燃煤增量费用

$$
\begin{aligned}
G_3 &= (1-\alpha)\frac{\Delta C}{\alpha}(365 - T_o)24(b_y - b_e)P_{coal} \times 10^{-14} \\
&= \left[(1-0.3) \times \frac{480 \times 10^3}{0.3} \times (365-45) \times 24 \times (345-330) \times 636.36 \right] \times 10^{-14} \\
&= 0.82 (亿元)
\end{aligned} \tag{5-10}
$$

4. 基准方案的年运行费用

$$
E_w = A_w r_w f_w = 542 \times 1.5\% \times 8\% = 0.65 (亿元) \tag{5-11}
$$

因此，水电工程项目提高电网性能的动态效益，即水电工程项目提高电网性能的年均外部性价值为

$$
JJ_4 = G_1 + G_2 + G_3 - E_w = 2.44 + 1.37 + 0.82 - 0.65 = 3.98 (亿元) \tag{5-12}
$$

W 水电工程项目 2012 年开始试运行，2015 年以后正常运行，因此从 2015 年开始计入电网调节的外部性。

（五）水电工程项目开发对经济环境的外部性影响价值

根据前面的计算结果，得到 W 水电工程项目开发对经济环境的外部性影响，如表 5-15 所示。

表 5-15　W 水电工程项目开发对经济环境各外部性指标的影响值（单位：亿元）

年份	防灾减灾	区域经济	电网调节	航运效应	经济环境外部性（不计入防灾减灾）
2006	—	1.38	—	—	1.38
2007	—	0.93	—	—	0.93
2008	—	1.28	—	—	1.28
2009	—	2.83	—	—	2.83
2010	—	3.67	—	—	3.67
2011	—	3.83	—	—	3.83
2012	—	3.25	—	—	3.25
2013	—	1.85	—	—	1.85
2014	2.20	−1.04	—	—	−1.04
2015	2.27	2.24	3.98	—	6.22
2016	2.33	1.48	3.98	—	5.46
2017	2.40	1.48	3.98	—	5.46
2018	2.48	1.48	3.98	—	5.46
2019	2.55	1.48	3.98	0.59	6.05
2020	2.63	1.48	3.98	0.59	6.05
2021	2.71	1.48	3.98	0.59	6.05
2022	2.79	1.48	3.98	0.59	6.05
2023	2.87	1.48	3.98	0.59	6.05
2024	2.96	1.48	3.98	0.59	6.05
2025	3.05	1.48	3.98	0.59	6.05
2026	3.14	1.48	3.98	0.59	6.05
2027	3.23	1.48	3.98	0.59	6.05
2028	3.33	1.48	3.98	0.59	6.05
2029	3.43	1.48	3.98	0.59	6.05
2030	3.53	1.48	3.98	0.59	6.05
2031	3.64	1.48	3.98	0.59	6.05
2032	3.75	1.48	3.98	0.59	6.05
2033	3.86	1.48	3.98	0.59	6.05
2034	3.97	1.48	3.98	0.59	6.05
2035	4.09	1.48	3.98	0.59	6.05
2036	4.22	1.48	3.98	0.59	6.05

年份	防灾减灾	区域经济	电网调节	航运效应	经济环境外部性 （不计入防灾减灾）
2037	4.34	1.48	3.98	0.59	6.05
2038	4.47	1.48	3.98	0.59	6.05
2039	4.61	1.48	3.98	0.59	6.05
2040	4.75	1.48	3.98	0.59	6.05
2041	4.89	1.48	3.98	0.59	6.05
2042	5.03	1.48	3.98	0.59	6.05
2043	5.19	1.48	3.98	0.59	6.05
2044	5.34	1.48	3.98	0.59	6.05
2045	5.50	1.48	3.98	0.59	6.05
2046	5.67	1.48	3.98	0.59	6.05
2047	5.84	1.48	3.98	0.59	6.05
2048	6.01	1.48	3.98	0.59	6.05
2049	6.19	1.48	3.98	0.59	6.05
2050	6.38	1.48	3.98	0.59	6.05
2051	6.57	1.48	3.98	0.59	6.05
2052	6.77	1.48	3.98	0.59	6.05
2053	6.97	1.48	3.98	0.59	6.05
2054	7.18	1.48	3.98	0.59	6.05
2055	7.39	1.48	3.98	0.59	6.05
2056	7.61	1.48	3.98	0.59	6.05
2057	7.84	1.48	3.98	0.59	6.05
2058	8.08	1.48	3.98	0.59	6.05
2059	8.32	1.48	3.98	0.59	6.05
2060	8.57	1.48	3.98	0.59	6.05
2061	8.83	1.48	3.98	0.59	6.05
2062	9.09	1.48	3.98	0.59	6.05
2063	9.36	1.48	3.98	0.59	6.05
2064	9.65	1.48	3.98	0.59	6.05
2065	9.94	1.48	3.98	0.59	6.05

注："—"表示无相关影响。

W 水电工程项目开发对经济环境各外部性指标影响在不同年份的影响程度如图 5-6 所示。

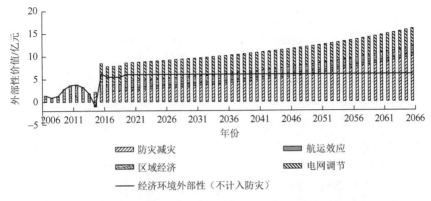

图 5-6　W 水电工程项目的经济环境各指标的外部性价值

通过分析 W 水电工程项目开发对经济环境各指标的外部性影响程度，可以得出以下结论。

（1）W 水电工程项目开发产生的防灾减灾的外部效益最大，并且随着国民经济的发展逐年递增，但由于防灾减灾的外部效益具有潜在性，仅当出现原来不能防御的大洪水时才会体现，因此不能与其他经济环境外部性指标直接累加。W 水电工程建设经济外部性的影响较大，在施工期，主要体现为拉动就业、增加居民收入等正外部性，与工程的投资和施工强度息息相关，因此变动较大；在完建期，由于工程投资逐渐减少，施工人员逐渐撤离，GDP 增长率降低，正外部性影响逐渐减小，甚至出现负值；在运行期，主要体现为税收增加产生的外部效益。对电网性能的改善和航运性能的提高带来的外部效益主要体现在电站正常运行和通航验收之后。

（2）总体来看，W 水电工程项目开发对经济环境将产生较大的正外部性影响，在施工期和运行初期对经济环境的外部性影响波动较大，在 2014 年一度出现负值；在运行后期较平稳。施工期的外部性影响波动主要是区域经济外部性指标的变化引起的，最小值出现在 2014 年（−1.04 亿元）；运行初期 2015 年由于计入发电税收和电网调节的外部效益，水电工程项目开发对区域经济的正外部性影响达到最大值（6.22 亿元），随后由于工程竣工，拉动就业的外部效益消失，正外部性影响有所下降；在运行后期计入航运效益后，水电工程项目开发对经济环境产生的外部效益趋于平稳，平均每年为 6.05 亿元。

三、自然生态环境外部性指标赋值

（一）水环境改变的外部性价值

根据指标选取过程可知，W 大坝拦截和电站运行对上淤下切的影响很小，不计入水环境改变的外部性价值，因此 W 水电工程项目开发改变水环境的外部性价值仅体现为水质改变的外部性价值。

1. 建库前水体水环境容量

根据水环境功能区划，建库前 W 水库库区段水质需达到《地表水环境质量标准》（GB 3838—2002）中Ⅲ类水质标准。根据《W 水电站环境影响报告书》中2002～2003 年水质监测资料，可以得到建库前枯水期坝址处的各项水质指标浓度情况：氨氮 0.163mg/L、总氮 5.72mg/L、总磷 0.035mg/L、COD 10mg/L。与《地表水环境质量标准》（GB 3838—2002）Ⅲ类水质标准相比，可以得出建坝前总氮超标严重，氨氮、总磷和 COD 满足Ⅲ类水质标准要求。根据《W 水电站可行性研究报告》及库区段污染源统计结果可知，考虑最不利情况，W 水库坝址处最枯月流量为 2100m³/s。根据建库前枯水期坝址处的各项水质指标浓度与《地表水环境质量要求》（GB 3838—2002）中Ⅲ类水质标准要求，可以计算出建库前库区水环境容量分别如下：氨氮为 151.86t/d；总磷为 29.94t/d；总氮无环境容量，削减量为 856.40t/d；COD 为 1814.4t/d。

2. 建库后水体水环境容量

计算建库后库区水环境容量时，考虑最不利情况，将死库容对应的蓄水量确定为设计水量（W 水库死库容为 40.74 亿 m³）。为对比建库对水环境容量的影响，将库尾处建库前监测水质作为初始断面污染物浓度。计算水质边界条件为：氨氮 0.057mg/L、总氮 3.42mg/L、总磷 0.012mg/L、COD 9.5mg/L。其中，库尾处 COD 的浓度为根据平水期高锰酸盐指数在库尾和坝前的浓度折算而得。根据水环境功能区划，建库后 W 水库水质需达到《地表水环境质量标准》（GB 3838—2002）中Ⅲ类水质标准。从水质边界条件可以看出，建坝后总氮还是超标严重，氨氮、总磷和 COD 满足Ⅲ类水质标准。根据《W 水电站可行性研究报告》可知，在 V 电站和 W 电站区段，集水面积为 4400km²，仅占屏山水文站控制集水面积的 0.96%，由区间水文站和区间降水资料得出区间多年平均径流量为 33.7 亿 m³。参照屏山水文站枯水年径流量年内分配结果，得到最枯月区间汇流流量为 30.83m³/s，则库尾处最枯月入流流量为 2069m³/s。氨氮、总磷、总氮和 COD 的降解系数分别取 $0.03d^{-1}$、$0.018d^{-1}$、$0.018d^{-1}$ 和 $0.1d^{-1}$。可计算出建库后水库水体的环境容量如下：氨氮为 172.3t/d；总磷为 33.6t/d；总氮无环境容量，削减量为 438.3t/d；COD 为 1877.2t/d。

3. 建库前后水体水环境容量的变化

根据计算可知，W 大坝修建形成水库，使库区段水体的水环境容量发生了改变，水质有了改善，纳污能力有所增强，其中容纳氨氮的能力增加了20.44t/d，容纳总磷的能力增加了3.66t/d，总氮削减量减少了418.1t/d，容纳COD的能力增加了62.8t/d。因此，可以计算出W水电工程项目开发导致水质变化的年均外部效益为

$$V_{sz} = [(20.44 \times 16000 + 3.66 \times 41612 + 418.4 \times 500 + 62.8 \times 5900) \times 365] \times 10^{-8}$$
$$= 3.87(亿元) \tag{5-13}$$

W水电站于2012年移民搬迁安置完毕，同年10月开始蓄水，2013年9月蓄至正常蓄水位高程380m，2014年计入水环境容量增加的外部效益。

（二）大气环境改变的外部性价值

1. 大气环境补偿的外部效益

W地下电站6~8号机组均为世界上最大的水轮发电机组，分别于2012年11月16日、11月2日和12月18日完成全部调试并进入72h试运行。截至2012年12月27日，3台机组共计发电14亿kW·h。2013年5月31日，W电站右岸4台机组（5~8号机组）全部投产发电。截至2013年12月10日，W电站2013年累计发电量为173.3亿kW·h。2014年7月10日，W水电站最后一台机组10日正式投产运行。截至2014年12月15日，W电站2014年度发电量达280亿kW·h。2015年以后正常运行，多年平均发电量为307.47亿kW·h。根据燃煤发电机组平均供电煤耗310g/(kW·h)，以及每吨标准煤燃烧排放2.54tCO₂ₑ和0.024tSO₂ₑ，折算各年减排量如表5-16所示。

表5-16　W水电站水电替代火电减排效益

年份	CO_2减排量/万t	CO_2减排效益/亿元	SO_2减排量/万t	SO_2减排效益/亿元
2012	110.24	0.28	1.04	0.06
2013	1364.56	3.41	12.9	0.77
2014	2204.72	5.51	20.83	1.24
2015年及以后	2421.02	6.05	22.88	1.37

W水电站送电比例为S省10%、华中30%、华东60%。根据不同城市碳交易市场的碳价计算CO_2的交易费用，取2013~2017年相关碳交易市场的平均值25元/t（图5-7）。根据碳交易的市场价格和SO_2的单位处理成本，可以计算出W水电替代火电产生的减排效益，如表5-16所示。

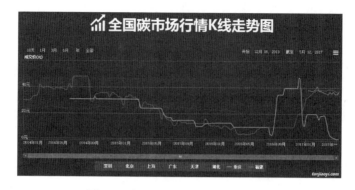

图 5-7　全国碳市场行情 K 线走势图

注：资料来源于 http://zhishu.tanjiaoyi.com/

2. 大气环境破坏的外部成本

1）材料设备生产阶段

根据《W 水电站可行性研究报告》，W 水电站工程施工期间混凝土用量约为 1369 万 m^3，混凝土的密度取 2400kg/m^3，则混凝土的质量为 3285.6 万 t；钢材用量为 74.43 万 t（主体工程 23.87 万 t、导流工程 2.24 万 t、建筑材料 48.32 万 t）；木材用量为 14.38 万 m^3，根据石榴红等的文献[168]中木材价格取 700 元/m^3，计算出木材成本为 10066 万元，人民币对美元汇率取 7.09（2003～2015 年平均值），折算出木材成本为 14.20 百万美元；金属结构设备投资为 14.60 亿元，即 205.92 百万美元；机电设备投资为 56.36 亿元，即 794.92 百万美元；另外根据材料设备运输阶段和施工阶段的油耗情况，得出消耗柴油总量为 4.34 万 t。材料设备生产阶段的碳排放量计算如表 5-17 所示。

表 5-17　材料设备生产阶段碳排放量

材料名称	消耗量	碳排放因子	碳排放量/(万 t CO_{2e})
混凝土	3285.6 万 t	0.094t CO_{2e}/t	308.85
钢材	74.43 万 t	2.2t CO_{2e}/t	163.75
柴油	4.34 万 t	0.139t CO_{2e}/t	0.60
木材	14.20 百万美元	522t CO_{2e}/百万美元	0.74
金属结构	205.91 百万美元	640t CO_{2e}/百万美元	13.19
机电设备	794.92 百万美元	644t CO_{2e}/百万美元	51.19

因此，W 水电工程项目所需材料和设备在生产阶段的碳排放量为

$$C_{\mathrm{M}} = \sum_i W_i \times k_i = 538.32 \, (万 \, tCO_{2e}) \tag{5-14}$$

2）材料设备运输阶段

（1）场外运输。W 水电工程所需大宗物资分别采用铁路、公路和水路运输方式运输，以铁路、公路运输为主，水路运输为辅。其中，铁路运量为 251 万 t，公路运量为 284 万 t，水路运量为 123 万 t。下面分别计算铁路、公路和水路运输时产生的碳排放量。

a. 铁路运输：水泥、钢材、木材三大主要材料以铁路运输为主，中国的火车普遍是靠电力直接驱动的，在计算时，取最普遍的功率 4800kW。由《W 水电站可行性研究报告》可知，铁路运输年高峰运量为 63.14 万 t，相应要求铁路物资转运强度日高峰为 3071t。铁路运输的材料供应地点为 T 市、U 市和 S 市，而 T 市、U 市属于南方电网，S 市属于华中电网，碳排放因子取两个电网的平均值为 0.6954tCO₂e/(MW·h)。因此，铁路运输的碳排放量为

$$C_{\mathrm{TR}} = \frac{251}{3071} \times 24 \times 4800 \times 10^{-3} \times 0.6954 = 6.55\,(\text{万 tCO}_2\text{e}) \qquad (5\text{-}15)$$

b. 公路运输：煤灰、油料、火工材料等物资以公路运输为主。考虑重大件运输的需要，荷载标准按汽车 60 级计算。已知中国一级公路允许最大荷载为 55t，在计算时，场外的公路运输采用 45t 载重汽车，假设平均行驶速度为 50km/h，已知柴油燃烧产生动力的碳排放因子为 3.367t CO₂e/t。根据《水电工程施工机械台时费定额（2004 年版）》，45t 荷重汽车每小时耗油 20.75kg。公路运输包括粉煤灰、油料、火工材料等其他物资的运输，以及对水路运输和铁路运输的转运。W 水电工程采用的粉煤灰为重庆珞璜Ⅰ级粉煤灰，运输距离约为 330km，油料、火工材料等也按此距离估算；水路运输到 TB 码头后，上岸经 TB 码头 W 电站专用公路运到现场，转运距离按 W 水电站位于 TB 市区上游 1.5km 计；铁路物资转运站设置在内昆铁路的 TB 站附近，TB 站到 W 坝址距离约 5km。因此，公路运输的碳排放量为

$$C_{\mathrm{TH}} = \left(\frac{284 \times 330 + 123 \times 1.5 + 251 \times 5}{45 \times 50} \times 10^4 \times 20.75 \times 10^{-3} \times 3.367 \right) \times 10^{-4} = 2.95\,(\text{万 tCO}_2\text{e})$$

$$(5\text{-}16)$$

c. 水路运输：由于 W 电站具有得天独厚的水运条件，电站重大件（机电设备等）运输方式推荐采用单件整体运输方式，且这些机电设备都可以通过 C 江航道水运至 TB。长江航道的两端点港口为 R 港和 TB 港，计算时取两端点距离为 2753km。由《W 水电站可行性研究报告》可知，在 TB 港的云天化斜坡码头处，设 1000t 级泊位的直壁式码头，因此货轮的荷载取 1000t，平均行驶速度取 30km/h，通过查阅资料可知 1000t 货轮的日耗油量为 0.8t。因此，水路运输的碳排放量为

$$C_{\mathrm{TW}} = \frac{123}{1000} \times \frac{2753}{30} \times \frac{0.8}{24} \times 3.367 = 1.27\,(\text{万 tCO}_2\text{e}) \qquad (5\text{-}17)$$

场外运输产生的碳排放量为

$$C_{T1} = C_{TR} + C_{TH} + C_{TW} = 6.55 + 2.95 + 1.27 = 10.77\,(\text{万 tCO}_{2e}) \qquad (5\text{-}18)$$

（2）场内运输。由《W 水电站可行性研究报告》可知，W 水电站主体及导流工程土石方开挖总量为 3049 万 m³（其中洞挖 205 万 m³），则土石方明挖总量为 2844 万 m³，混凝土浇筑总量为 1369 万 m³。需外来物资 658 万 t（包括前期临建工程物资），混凝土骨料 3012 万 t（其中主体工程 2686 万 t，导混工程 326 万 t）。场内交通主干道共 38.8km，左岸和右岸各 6 条主干道，每条主干道的平均距离为 3.23km。场内运输仍然采用 45t 载重汽车，场内的车速降为 30km/h，汽车耗油 20.75kg/h。因此，场内运输产生的碳排放量为

$$
\begin{aligned}
C_{T2} &= \frac{7110 + 512 + 3423 + 658 + 3012}{45} \times \frac{3.23}{30} \times 20.75 \times 10^{-3} \times 3.367 \\
&= 2.46\,(\text{万 tCO}_{2e})
\end{aligned}
$$

$$(5\text{-}19)$$

材料设备运输阶段的碳排放量为

$$C_T = C_{T1} + C_{T2} = 10.77 + 2.46 = 13.23\,(\text{万 tCO}_{2e}) \qquad (5\text{-}20)$$

3）项目建设和施工阶段

由于缺少施工阶段各种机械设备的台班情况，无法计算施工机械工作时的耗油或耗电量，根据庞博慧[85]计算的糯扎渡水电站工程量与耗油和耗电量的比值估算 W 水电站施工期间的耗油和耗电量，具体见表 5-18。

表 5-18　各个单项工程施工能耗及其系数

项目	糯扎渡水电站			W 水电站		
	工程量	耗油量/t	耗电量/(万 kW·h)	工程量	耗油量/t	耗电量/(万 kW·h)
土石方明挖	2987.06 万 m³	27441.82	2286.89	2844 万 m³	26127.54	2177.36
土石方洞挖	492.5 万 m³	4861.66	5995.65	205 万 m³	2023.64	2495.65
混凝土	1413.13 万 m³	4267.48	10978.47	1369 万 m³	4134.39	10636.09
钢筋	15.88 万 t	0.00	6355.21	26.11 万 t	0.00	10449.28
帷幕灌浆	18.97 万 m	0.00	1606.09	36.22 万 m	0.00	3066.56
固结灌浆	29.00 万 m	0.00	1060.23	63.30 万 m	0.00	2314.23
共计	—	36570.96	28282.54	—	32285.57	31139.17

T 市、U 市属于南方电网，S 市属于华中电网，碳排放因子取两个电网的平均值，为 0.6954tCO₂ₑ/(MW·h)。则 W 水电站项目建设和施工阶段的碳排放量为

$$C_C = W_{DC} \times k_D + W_{EC} \times k_E \times 10^{-3}$$
$$= (32285.57 \times 3.367 + 31139.17 \times 10^{-3} \times 10^4 \times 0.6954) \times 10^{-4} \quad (5-21)$$
$$= 32.52 (万 tCO_{2e})$$

4）电站运行阶段

（1）电站运行维护产生的温室气体排放。W 水电站发电设备投资为 413434 万元，建筑工程投资为 197786 万元，根据修理费率 1.0%，计算出修理费为 6112.20 万元；W 水电站装机容量为 6000MW，材料费按 1.1 元/kW 计，计算出材料费为 660 万元；多年平均发电量为 307.47 亿 kW·h，库区维护基金按 0.001 元/(kW·h)计（根据《水电站库区维护基金管理暂行办法》），水库防护工程的维护费按库区维护基金的 30% 计，则水库防护工程的维护为 1024.9 万元。因此，W 水电站在运行维护阶段的修理费、材料费以及库区维护费共 7797.1 万元（2006 年价格水平），计算得到投入费用为 9.99 百万美元（汇率按 7.8087 计）。则水电工程的项目运行维护期年均运行维护产生的碳排放量为

$$C_{O1} = 9.99 \times 624 \times \frac{417.3}{453.3} \times 10^{-4} = 0.57 (万\ tCO_{2e}) \quad (5-22)$$

（2）水库的温室气体排放。W 水库的库容为 51.63 亿 m³，水库冬季不结冰，采用 Delmas 模型，则 W 水库蓄水后每个月的温室气体排放量为

$$V \times CO_2(m) = 5163 \times [6.11CH_4(m) + 22.5]$$
$$= 5163 \times \{6.11 \times [10.5 + 3.5\cos(2\pi/12)m]\exp - 0.015m + 22.5\} \quad (5-23)$$

根据式（5-23）可以得出 W 水库 2012 年 10 月份开始蓄水后，每月温室气体排放量的变化趋势，如图 5-8 所示。

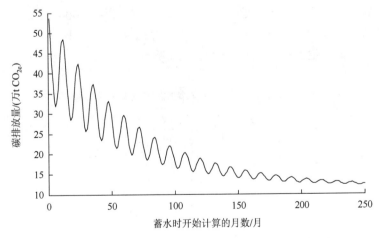

图 5-8　W 水库蓄水后水库碳排放量变化趋势

可以看出水库开始蓄水时碳排放量最大，随着时间的推移，碳排放量逐渐减少，170 个月（14 年）后逐渐稳定；每年的碳排放量呈正弦趋势波动，反映出夏季碳排放量增加、冬季碳排放量减少的趋势。根据式（5-23）可以计算出 2012 年以后 W 水库每年的碳排放量（表 5-19），假设 2028 年以后水库每年的碳排放量基本恒定在 165.00 万 tCO_{2e} 不再变化。

表 5-19 W 水库蓄水后水库每年的碳排放量

年份	开始蓄水后月数/月	碳排放量/(万 tCO_{2e})	年份	开始蓄水后月数/月	碳排放量/(万 tCO_{2e})
2012	1~2	102.79	2021	99~110	221.64
2013	3~14	486.53	2022	111~122	208.10
2014	15~26	429.34	2023	123~134	196.78
2015	27~38	381.58	2024	135~146	187.33
2016	39~50	341.69	2025	147~158	179.43
2017	51~62	308.37	2026	159~170	172.84
2018	63~74	280.53	2027	171~182	167.33
2019	75~86	257.28	2028	183~194	165.00
2020	87~98	237.86	2029	195~206	165.00

5）W 水电工程项目施工期和运行期的总碳排放量

W 水电工程筹建期为 2004 年 7 月至 2005 年 12 月；一期工程施工时间为 2006 年 1 月至 2008 年 12 月；二期工程施工时间为 2009 年 1 月至 2012 年 12 月；2012 年 10 月 10 日 W 水电站正式下闸蓄水；工程完建期为 2013 年 1 月至 2015 年 6 月。即 W 水电工程从筹建期到工程竣工共 11 年。根据 2004~2029 年 W 水电工程项目的碳排放量以及碳交易费用，可以计算出 W 水电工程项目开发直接和间接排放温室气体产生的外部成本，如表 5-20 所示。

表 5-20 W 水电工程项目开发增加温室气体排放的外部成本

年份	碳排放量/(万 tCO_{2e})	外部成本/亿元	年份	碳排放量/(万 tCO_{2e})	外部成本/亿元
2004	53.10	−0.13	2011	53.10	−0.13
2005	53.10	−0.13	2012	155.99	−0.39
2006	53.10	−0.13	2013	540.20	−1.35
2007	53.10	−0.13	2014	483.01	−1.21
2008	53.10	−0.13	2015	435.25	−1.09
2009	53.10	−0.13	2016	342.26	−0.86
2010	53.10	−0.13	2017	308.94	−0.77

续表

年份	碳排放量/(万 tCO₂ₑ)	外部成本/亿元	年份	碳排放量/(万 tCO₂ₑ)	外部成本/亿元
2018	281.10	−0.70	2024	187.90	−0.47
2019	257.85	−0.64	2025	180.00	−0.45
2020	238.43	−0.60	2026	173.41	−0.43
2021	222.21	−0.56	2027	167.90	−0.42
2022	208.67	−0.52	2028	165.57	−0.41
2023	197.35	−0.49	2029	165.57	−0.41

注：2004 年至 2012 年 10 月的碳排放量为材料设备生产和运输，以及工程施工期间的碳排放量；2012 年 11 月至 2015 年 6 月的碳排放量为材料设备生产和运输、工程施工期、电站运行维护期和水库的碳排放量；2015 年 7 月以后的碳排放量为电站运行维护期和水库的碳排放量；2028 年及以后水库的碳排放量不再变化。

3. W 水电工程项目导致大气环境改变的外部性价值

根据前面计算的 W 水电站替代火电的减排效益（表 5-16）和 W 水电工程项目开发增加温室气体排放的外部成本（表 5-20），可以计算出 W 水电工程项目开发改变大气环境产生的外部性价值（表 5-21），变化趋势如图 5-9 所示。

表 5-21　W 水电工程项目开发改变大气环境产生的外部性价值

年份	外部性价值/亿元	年份	外部性价值/亿元
2005	−0.13	2018	6.72
2006	−0.13	2019	6.78
2007	−0.13	2020	6.82
2008	−0.13	2021	6.86
2009	−0.13	2022	6.90
2010	−0.13	2023	6.93
2011	−0.13	2024	6.95
2012	−0.05	2025	6.97
2013	2.83	2026	6.99
2014	5.54	2027	7.00
2015	6.33	2028	7.01
2016	6.56	⋮	⋮
2017	6.65	2065	7.01

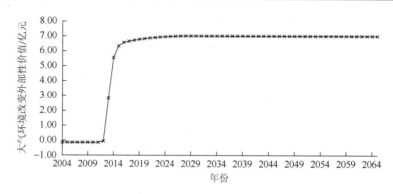

图 5-9 W 水电工程项目开发改变大气环境的外部性价值

可以看出，W 水电工程项目在施工期由于材料、设备等的生产、运输，以及工程的施工将直接或间接地排放一定的温室气体，对大气环境产生负外部性影响，从 2004 年工程筹备开始至 2011 年，平均每年对大气环境产生的外部成本为−0.13 亿元。2012 年水库蓄水，水库排放温室气体，但由于首台机组开始发电，水电替代火电的减排效益使项目开发对大气环境产生的外部成本逐渐减小到−0.05 亿元。2013 年为水库开始蓄水后第一年，水库温室气体排放量较大，但是由于机组发电量逐渐增加，发电产生的减排效果更明显，项目开发对大气环境产生外部效益为 2.83 亿元。2014 年以后水库温室气体排放量逐渐减少，工程施工也步入尾声，虽然电站和库区运行和维护产生一定的温室气体，但机组发电量进一步增加，使项目开发对大气环境产生的外部效益增加到 5.54 亿元。2015 年以后电站正常运行，减排效益达到最大值，不再变化，项目开发对大气环境产生的外部效益增加到 6.33 亿元。2016 年以后仅电站和库区运行与维护以及水库产生温室气体，而且水库温室气体排放量逐渐减少，因此项目开发对大气环境产生的外部效益逐渐增加。2028 年以后水库温室气体排放不再减少，项目开发对大气环境产生的外部效益趋于恒定，年均为 7.01 亿元。

水电工程项目开发对大气环境的外部性影响由施工期的负外部影响，逐渐转换为运行期的正外部性影响，并逐渐增加，当替代火电减排效益和水库温室排放量不再变化时，外部效益达到最大值，并趋于恒定。

（三）陆生生物资源的外部性价值

1. 水电工程项目施工期造成陆生生物资源损失的外部性价值

W 水电工程项目枢纽工程占地、移民新址占地和淹没的各类土地面积如表 5-22 所示。

表 5-22　W 水电工程占用和淹没的各种类型土地面积　（单位：万亩）

项目	耕地	园地	林地	草地	未利用土地（包括田土坎）
枢纽工程建设区	0.50	0.34	0.32	0	0
移民新址占地	—	—	—	1.10	—
库区面积	3.14	2.03	1.62	1.37	2.22
共计	3.64	2.37	1.94	2.47	2.22

注：SA 县城新址 2012 年底城市规划用地为 220.88hm²，TA 县城区的建设用地为 303.35hm²，16 个迁建集镇的建设用地为 211.93hm²。农村移民占地主要改变土地利用方式，如荒地改园地等，不予考虑，而县城和城镇占地为土地性质的改变，因此移民新址占地共 736.16hm²，折合 11042.4 亩，假设这些新址占用的土地均为草地。

根据谢高地等[146]给出的中国不同陆地生态系统单位面积生态服务价值，可以计算施工期造成陆生生物资源损失的外部性价值（计算时园地面积合并在耕地面积中，未利用土地面积合并到草地中）。

2006～2011 年工程占地产生的陆生生物资源外部性损失为

$$U_1 = [(0.50+0.34)\times 6114.3 + 0.32\times 19334 + 1.10\times 6406.5]\times 10^4/15\times 10^{-8}$$
$$= -0.12（亿元）$$

$$(5\text{-}24)$$

2012 年及以后工程占地和蓄水淹没产生的陆生生物资源外部性损失为

$$U_1 = [(3.64+2.37)\times 6114.3 + 1.94\times 19334 + (2.47+2.22)\times 6406.5]\times 10^4/15\times 10^{-8}$$
$$= -0.70(亿元)$$
$$(5\text{-}25)$$

2. 局地气候改善为库周陆生生物资源带来的外部效益

根据《W 水电站环境影响报告书》，在天然状况下库区江段平水期水面面积为 26.68km²；水库建成后，当正常蓄水位为 380.00m 时，水库 V 水电站坝前回水段全长 156.6km，水面面积为 95.3km²，较天然状况下水面面积增大 2.57 倍。因此 W 水库对库周陆生生物资源产生的年均外部效益为

$$\overline{U_2} = \Delta A_{\text{water}} \times P_{\text{water}} = (95.3 - 26.68)\times 10^2 \times 40676.4\times 10^{-8} = 2.79(亿元) \quad (5\text{-}26)$$

水库对陆生生物资源产生的外部效益并不是立竿见影的，而是逐步显现的。建库后，陆生生物的生长符合逻辑斯谛微分方程，即为随时间变化的 S 形生长曲线，此处以西南地区常绿阔叶林中的重要树种香樟为例进行说明。

香樟的冠幅生长模型为[169]

$$y_1 = 7.1618/[1 + \exp(3.6392 - 0.376298x)] \quad (5\text{-}27)$$

换算为冠幅生长率为

$$y_2 = y_1/7.1618 = 1/[1 + \exp(3.6392 - 0.376298x)] \quad (5\text{-}28)$$

因此，W 水电站蓄水后，对库周陆生生物资源产生的外部性影响价值为

$$U_2 = \Delta A_{\text{water}} \times P_{\text{water}} \times y_2 = 2.79 / (1 + 3 \times e^{-x}) \qquad （5-29）$$

当 $x = 1$ 时为 2013 年。

3. 水电工程项目开发改变陆生生物资源的外部性价值

根据水电工程项目开发在施工阶段和蓄水淹没阶段对陆生生物资源产生的外部成本，以及在运行阶段对陆生生物资源产生的外部效益，可以计算出工程开发对陆生生物资源产生的外部性影响如图 5-10 所示。

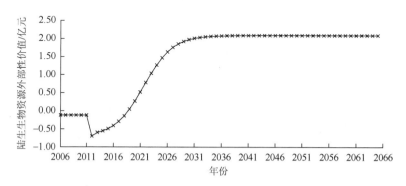

图 5-10　W 水电工程项目开发对陆生生物资源产生的外部性影响

可以看出，W 水电工程项目 2006 年开工后由于工程施工、移民安置等直接破坏陆生植被和陆生动物，对陆生生物资源产生一定的负外部性影响，年均约为 −0.12 亿元；2012 年库盆清理，水库蓄水破坏和淹没大量陆生植物，对陆生生物资源产生较大的负外部性影响，年均约为−0.70 亿元；2012 年以后，水库蓄水后水体面积增加，改善局地气候，有利于库周植被的生长繁殖以及陆生动物的繁殖和栖息，对陆生生物资源逐渐产生正外部性影响。局地气候改善的作用效果符合 S 形生长曲线的变化规律，正外部性影响逐渐增加，于 2018 年底正负外部性抵消，之后正外部性逐渐增加，2039 年综合外部性达到最大值，年均 2.08 亿元。

（四）水生生物资源的外部性价值

根据 W 水电工程的特点，采用人工增殖放流基地的建设成本和运营成本、人工调节下泄流量造成的发电量损失成本来估算 W 水电工程项目的开发造成水生生物资源损失的外部性价值。

1. 保护效果替代成本

为了减少 V 电站和 W 水电站修建对 C 江上游珍稀、特有鱼类的威胁，增加鱼类资源量，开发公司建设了 V、W 水电站珍稀特有鱼类增殖放流站[170]和 CS 河增殖放流站作为 V 电站和 W 电站两个巨型水电站的生态保护配套工程，承担珍稀、特有鱼类人工增殖放流。

根据《W 水电站环境影响报告书》，珍稀特有鱼类的放流（或人工增殖成功）起止时间为 2004 年和 2023 年。V、W 水电站珍稀特有鱼类增殖放流站 2008 年 7 月建成投入使用，总投资 4000 万元。W 电站每年要投入数百万元才能维持放流站的运营[171]，按总投资的 10%进行估计，则每年需要投资 400 万元运行增殖放流站。CS 河增殖放流站 2007 年投入使用，建设项目总投资 800 万元，根据《CS 市增殖放流站二〇一四年决算编报》[172]，年度基本支出为 47 万元。

除了建设和运营人工增殖放流站外，W 水电站开发公司与中国科学院水生生物研究所等单位和专家共同组成研究团队，对 C 江上游珍稀鱼类水生生物的生活习性、种群变化进行了跟踪调查研究，项目投资约 3 亿元[173]，按照人工放流周期 19 年为基准分摊到各年。

按照 V 电站与 W 电站装机容量进行分配，则 W 水电站人工增殖放流和跟踪调查的年均成本为

$$FP_1 = (4000/19 + 400 + 800/19 + 47 + 30000/19) \times 775/(775 + 1386) \times 10^{-4}$$
$$= 0.08(亿元) \tag{5-30}$$

2. 生态调度产生的发电量损失成本

虽然 W 工程本身对水体水温的影响不大，但是 J 江梯级水电工程的开发，加剧了春季水温降低的幅度，W 库区及下游水温恢复至天然水温的过程非常缓慢。

为了降低梯级开发温滞效应造成的低温水下泄引起的鱼类资源损失，使水温在鱼类产卵前达到产卵所需最低温度，对上游 V 水电站进行生态调度。骆辉煌[174]采用 RVA 法研究了长江上游保护区鱼类繁殖期生态水温目标，发现 V 水库和 W 水库两库联合运行时，繁殖期在 11 月至次年 1 月和 3~7 月的鱼类繁殖将会受到影响，因此 V 水电站进行生态调度的时间选为 8 个月。V 水电站于 2017 年 4 月 20~28 日、5 月 1~9 日，开展了生态水温调度，造成电能损失 313.9 万 kW·h，参照该电能损失，折算生态调度 8 个月产生的电能损失为 4272.53 万 kW·h。

根据《国家发展改革委关于完善跨省跨区电能交易价格形成机制有关问题的通知》（发改价格〔2015〕962 号），V 电站和 W 电站左岸机组上网侧关口按上网电价 0.3218 元/(kW·h)结算。因此每年为了提高 W 水库和大坝下游下泄水温，V 水库进行生态调度损失发电效益即为低温水下泄造成鱼类资源损失的年均成本：

$$FP_2 = 4272.53 \times 10^4 \times 0.3218 \times 10^{-8} = 0.14(亿元) \tag{5-31}$$

用保护效果替代成本，从工程 2006 年开始施工计入，低温水造成鱼类资源损

失成本从水库 2013 年蓄水开始计入，因此 W 水电工程开发造成水生生物资源损失的年均外部性价值如下。

2006～2012 年：

$$ZS_4 = \sum_{i-1}^{n} FP_i = FP_1 = -0.08(\text{亿元}) \tag{5-32}$$

2013 年及以后：

$$ZS_4 = \sum_{i-1}^{n} FP_i = FP_1 + FP_2 = (-0.08) + (-0.14) = -0.22(\text{亿元}) \tag{5-33}$$

水电工程项目开发造成水生生物资源的损失远不止这些，这仅是采用防护费用法把为了降低对水生生物资源的影响而采取的保护措施成本作为水电工程项目开发造成水生生物资源损失的最低参考成本。由于对水生生物资源和水生生态系统的认识不够充分或者难以采取措施避免，水电工程项目开发对水生生物资源将产生负外部性影响。

（五）水电工程项目开发对自然生态环境的外部性影响价值

根据前面的计算结果，得到 W 水电工程项目开发对自然生态环境各外部性指标的影响，如表 5-23 所示。

表 5-23　W 水电工程项目开发对自然生态环境各外部性指标的影响值（单位：亿元）

年份	水环境	大气环境	陆生生物资源	水生生物资源	自然生态环境外部性
2006		−0.13	−0.12	−0.08	−0.33
2007		−0.13	−0.12	−0.08	−0.33
2008		−0.13	−0.12	−0.08	−0.33
2009		−0.13	−0.12	−0.08	−0.33
2010		−0.13	−0.12	−0.08	−0.33
2011		−0.13	−0.12	−0.08	−0.33
2012		−0.05	−0.7	−0.08	−0.83
2013		2.83	−0.6	−0.22	2.01
2014	3.87	5.54	−0.55	−0.22	8.64
2015	3.87	6.33	−0.49	−0.22	9.49
2016	3.87	6.56	−0.4	−0.22	9.81
2017	3.87	6.65	−0.29	−0.22	10.01
2018	3.87	6.72	−0.14	−0.22	10.23
2019	3.87	6.78	0.05	−0.22	10.48
2020	3.87	6.82	0.27	−0.22	10.74
2021	3.87	6.86	0.52	−0.22	11.03

续表

年份	水环境	大气环境	陆生生物资源	水生生物资源	自然生态环境外部性
2022	3.87	6.9	0.78	−0.22	11.33
2023	3.87	6.93	1.04	−0.22	11.62
2024	3.87	6.95	1.27	−0.22	11.87
2025	3.87	6.97	1.47	−0.22	12.09
2026	3.87	6.99	1.63	−0.22	12.27
2027	3.87	7	1.76	−0.22	12.41
2028	3.87	7.01	1.85	−0.22	12.51
2029	3.87	7.01	1.92	−0.22	12.58
2030	3.87	7.01	1.97	−0.22	12.63
2031	3.87	7.01	2.01	−0.22	12.67
2032	3.87	7.01	2.03	−0.22	12.69
2033	3.87	7.01	2.05	−0.22	12.71
2034	3.87	7.01	2.06	−0.22	12.72
2035	3.87	7.01	2.07	−0.22	12.73
2036	3.87	7.01	2.08	−0.22	12.74
2037	3.87	7.01	2.08	−0.22	12.74
2038	3.87	7.01	2.08	−0.22	12.74
⋮	⋮	⋮	⋮	⋮	⋮
2065	3.87	7.01	2.08	−0.22	12.74

W 水电工程项目开发对自然生态环境各外部性指标在不同年份的影响程度如图 5-11 所示。

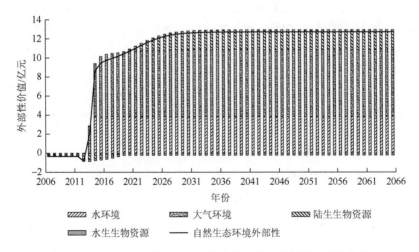

图 5-11 W 水电工程项目的自然生态环境各指标的外部性价值

通过分析 W 水电工程项目开发对自然生态环境各指标的外部性影响程度，可以得出以下结论。

（1）W 水电工程项目开发在施工期对水环境产生负外部性影响，主要为工地生活区生活污水排放产生的外部性影响，2012 年后安置地居民的生活污水排放使负外部性影响略有增加，同年水库蓄水，2014 年蓄水至正常水位后，水库水体水环境容量增加对水环境产生了较大的外部效益；在施工期对大气环境的负外部性影响较小，当水库蓄水发电后，随着发电量的逐年增加，减排效应带来的大气环境外部效益也随之增加，当发电量恒定后，对大气环境的正外部性影响达到最大值；施工对陆生生物资源的破坏有限，施工期对陆生生物资源的负外部影响较小，但 2012 年水库淹没后，大面积的陆生生物资源遭到破坏，因此对陆生生物资源的负外部性影响骤增，同时水库蓄水后改变库周局地气候，使库周陆生生物资源逐年好转，达到新的平衡，对陆生生物资源的正外部性影响也逐渐增加，并趋于稳定；W 水电工程项目在施工期和运行期对水生生物资源都产生负外部性影响，运行期产生的负外部性影响更大，但由于仅把采取的防护措施费用作为水生生物资源损失的最低参考值，所以负外部性影响很小。

（2）总体来看，W 水电工程项目在施工期对自然生态环境主要产生负外部性影响，特别是 2012 年 10 月开始蓄水后，对陆生生物资源和水生生物资源的负外部性影响陡增，2012 年达到最大值（−0.83 亿元）；2013 年随着工程发电减排效应产生的大气环境外部效益的出现，对自然生态环境的外部性影响变为正值（2.06 亿元）；2014 年随着发电量的增加，以及水库蓄水完成后水库水体水环境容量的增加，产生的减排效益和水环境外部效益使正外部性影响增加到 8.66 亿元；随后由于水库温室气体排放量逐渐减少，而局地气候改善效益逐渐增加，使正外部效益持续递增，2027 年水库温室气体排放量不再变化，2036 年局地气候改善效益达到新的平衡，使水电工程项目开发对自然生态环境的正外部性影响达到最大值（12.74 亿元）。

第三节　水电工程项目开发产生的环境外部性影响

W 水电工程项目在开发过程中对移民进行了各种补偿，并采取了很多环境保护措施和恢复措施，已经对部分外部性指标进行了内部化处理，如为鱼类采取保护区江段调整方案、人工繁殖放流方案和其他保护措施，以最大可能地保护珍稀濒危及特有鱼类；对文物古迹采取了整体搬迁或局部搬迁、文字拓片、照相或录像等措施进行保护；对生产废水和生活污水进行了处理，达标后才排放；为移民安置区采取了各种水环境、生态环境保护措施等。这些工程和技术措施的实施使部分外部性指标内部化了或减小了相应外部性指标的影响程度。本书所指的文化心理资本、自然资本、社会资本、防灾减灾、区域经济、电网性能、航运效应、水环境、大气环境、陆生生物资源和水生生物资源外部性指标是完全没有内部化或仅部分内部化的指标。

一、环境外部性影响结果分析

根据前面的计算结果，得到 W 水电工程项目开发对大环境的外部性影响如表 5-24 所示。

表 5-24　**W 水电工程项目开发对大环境的外部性影响**　（单位：亿元）

年份	社会文化环境	经济环境	自然生态环境	大环境
2006	—	1.38	−0.33	1.05
2007	—	0.93	−0.33	0.60
2008	—	1.28	−0.33	0.95
2009	—	2.83	−0.33	2.50
2010	—	3.67	−0.33	3.34
2011	—	3.83	−0.33	3.50
2012	−1.35	3.25	−0.83	1.07
2013	−0.99	1.85	2.01	2.87
2014	−0.60	−1.04	8.64	7.00
2015	0.06	6.22	9.49	15.77
2016	0.62	5.46	9.81	15.89
2017	0.87	5.46	10.01	16.34
2018	1.50	5.46	10.23	17.19
2019	2.29	6.05	10.48	18.82
2020	−0.10	6.05	10.74	16.69
2021	−0.10	6.05	11.03	16.98
2022	−0.10	6.05	11.33	17.28
2023	−0.10	6.05	11.62	17.57
2024	−0.10	6.05	11.87	17.82
2025	−0.10	6.05	12.09	18.04
2026	−0.10	6.05	12.27	18.22
2027	−0.10	6.05	12.41	18.36
2028	−0.10	6.05	12.51	18.46
2029	−0.10	6.05	12.58	18.53
2030	−0.10	6.05	12.63	18.58

年份	社会文化环境	经济环境	自然生态环境	大环境
2031	−0.10	6.05	12.67	18.62
2032	−0.10	6.05	12.69	18.64
2033	−0.10	6.05	12.71	18.66
2034	−0.10	6.05	12.72	18.67
2035	−0.10	6.05	12.73	18.68
2036	−0.10	6.05	12.74	18.69
2037	−0.10	6.05	12.74	18.69
2038	−0.10	6.05	12.74	18.69
2039	−0.10	6.05	12.74	18.69
2040	−0.10	6.05	12.74	18.69
2041	−0.10	6.05	12.74	18.69
2042	−0.10	6.05	12.74	18.69
2043	−0.10	6.05	12.74	18.69
2044	−0.10	6.05	12.74	18.69
2045	−0.10	6.05	12.74	18.69
2046	−0.10	6.05	12.74	18.69
2047	−0.10	6.05	12.74	18.69
2048	−0.10	6.05	12.74	18.69
2049	−0.10	6.05	12.74	18.69
2050	−0.10	6.05	12.74	18.69
2051	−0.10	6.05	12.74	18.69
2052	−0.10	6.05	12.74	18.69
2053	−0.10	6.05	12.74	18.69
2054	−0.10	6.05	12.74	18.69
2055	−0.10	6.05	12.74	18.69
2056	−0.10	6.05	12.74	18.69
2057	−0.10	6.05	12.74	18.69
2058	—	6.05	12.74	18.79
2059	—	6.05	12.74	18.79
2060	—	6.05	12.74	18.79
2061	—	6.05	12.74	18.79
2062	—	6.05	12.74	18.79
2063	—	6.05	12.74	18.79
2064	—	6.05	12.74	18.79
2065	—	6.05	12.74	18.79

注："—"表示无社会文化环境外部性影响。

从影响结果来看，负外部性指标主要包括自然资本、社会资本和水生生物资源；正外部性指标主要包括防灾减灾、电网调节和航运效应；正负外部性影响指标主要包括文化心理资本、区域经济、水环境、大气环境和陆生生物资源。

从影响时限来看，对自然资本的负外部性影响仅体现在搬迁完成后两年；对社会资本的负外部性影响将持续一代人；对水生生物资源的负外部性影响从施工开始，而且水库蓄水运行后负外部性影响程度更大；对防灾减灾的正外部性影响在工程蓄水后开始体现；对电网调节的正外部性影响在工程正常运行后开始体现；对航运效应的正外部性影响在升船机正式验收通航后开始体现；对文化心理资本的负外部影响主要体现为搬迁完成后三年内，三年后转换为正外部性影响；对区域经济在工程施工期和运行期都产生巨大的正外部性影响，但在工程竣工期将产生一定的负外部性影响；对水环境、大气环境和陆生生物资源的负外部性影响主要体现在施工期，工程蓄水后正外部性影响开始体现。

从影响程度来看，对自然资本、社会资本、水环境、大气环境、陆生生物资源的负外部性影响较小，而且主要体现在施工期；对文化心理的外部性影响虽然较大，但影响时限较短；对航运效应的正外部性影响较小；对区域经济的正外部性影响在施工期较大，运行期较小；对防灾减灾、电网调节、水环境、大气环境和陆生生物资源在运行期的正外部性影响很大；对水生生物资源的负外部性影响在施工期较小，在运行期较大。

W 水电工程项目开发对社会文化、经济和自然生态环境在不同年份产生的外部性影响程度如图 5-12 所示。

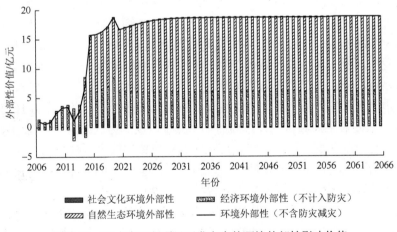

图 5-12　W 水电工程项目开发产生的环境外部性影响价值

通过分析 W 水电工程项目开发对环境的外部性影响程度，可以得出以下结论。

（1）W 水电工程项目开发对社会文化环境同时产生正负外部性影响，在移民刚搬迁结束后主要体现为文化心理、就业保障功能损失、社会关系网络破裂等产生的外部性损失，开始时较大；随着移民与安置地居民慢慢融合，就业保障功能逐渐发挥，社会关系网络逐步重建，负外部性影响逐渐降低，并变为正外部性影响；当移民与安置地居民完全融合后，文化心理资本外部性影响消失，仅剩下社会关系网络中情感支持功能的损失，虽然影响较小但持续影响移民一代人。对经济环境的外部性影响在施工期主要是刺激区域经济发展，随着工程投资和工程施工强度的波动而变化；在运行期主要是税收增加、航运条件改善和电网性能提高带来的外部效益，外部性影响较大。对自然生态环境的外部性影响在施工期主要是污染水质、排放温室气体、干扰陆生和水生生物资源，主要为负外部性影响，但影响较小；在蓄水初期主要体现为陆生生物资源淹没、水生生物资源阻隔产生的负外部性影响，影响偏大；在运行期主要体现为水环境容量增加、减少温室气体和二氧化硫排放、局地气候改善产生的巨大的正外部性影响，以及大坝拦截和水文条件改变对水生生物资源产生的负外部性影响。

（2）从整体来看，W水电工程项目开发对大环境只产生正外部性影响。2006～2011年工程施工期间，对区域经济产生的外部性影响随着工程投资的波动而变化，虽然施工活动造成一定的水质污染、排放了一定的温室气体、破坏了一些陆生生物资源、干扰了一些水生生物资源，但这些负外部性影响都较小，对环境整体仍产生正外部性影响。2012年由于工程蓄水和移民刚搬迁完，淹没陆生生物资源，隔断水生生物资源，移民产生文化心理资本、自然资本和社会资本损失，使正外部性影响降至1.07亿元。2013年由于电站运行减排效应开始体现，正外部性影响增加到2.87亿元。2014年减排效益继续增加，水库水环境容量增加效益也开始体现，虽然进入完建期对区域经济产生了一定的负外部性影响，但整体正外部性影响增加至7.00亿元。2015年对移民文化心理资本的外部性影响由负转正，同时电站正常发电，电网调节性能显现，使正外部性影响剧增至15.77亿元。2019年航运效益显现，使正外部性影响略有增加，增加到18.82亿元。2020年对移民文化心理资本的正外部性影响消失，使整体正外部性影响有所下降，降至16.69亿元。2021年以后随着水库温室气体排放的不断减少以及局地气候改善效益的发挥，使正外部性影响逐渐增加，2027年以后水库温室气体排放不再减少，2036年局地气候改善使陆生生物资源达到新的平衡，2058年社会资本的外部性损失消失，水电工程项目开发对环境的正外部性影响保持在18.79亿元/年。

从全社会、大环境的角度出发，W水电工程项目开发除了带来发电、供水、灌溉等内部收益之外，还将带来巨大的外部收益，特别是在运行期。当环境外部性影响稳定后，除了内部收益之外，每年还将给全社会带来巨额的外部收益，因此W水电工程项目是利国利民的项目。但应该注意的是，虽然从整体上来看，工程开发对环境的外部性影响为正值，但是工程在施工期对水环境、大气环境、陆生生物资源和水生生物资源还将产生一定的负外部性影响，在搬迁刚结束后对移民的文化心理资本、自然资本和社会资本也将产生一定的负外部性影响，在运行期还将对水生生物资源产生负外部性影响（本书仅计算了最低值）。因此应采取内部化的措施，通过政府主导、市场驱动和民间组织参与的模式，把工程开发对环境的正负外部性影响内部化，使水电工程项目开发的外部性受益者发挥其主观能动性，与水电工程项目开发企业和政府一起分享其外部收益，让受损者共享水电工程开发的利益，保证生态环境的恢复和保护，真正实现水电绿色、共享发展，促进社会经济可持续发展、人与自然和谐。

二、环境外部性影响评价结果合理性分析

为了验证环境外部性影响评价结果的合理性，对比环境外部性影响评价结果与环境影响评价报告中环境经济损益分析结果和国民经济评价中的经济费用与效益分析结果。

在《W 水电站环境影响报告书》中，计算了 W 水电工程项目开发产生的静态环境效益和环境损失，而本书计算的外部性影响价值为动态的价值，为了便于比较，均取平均值（防灾减灾外部效益取效益发挥第一年的值）。环境经济损益分析结果与环境外部性影响评价结果的对比如表 5-25 和图 5-13 所示。

表 5-25　环境经济损益分析结果与环境外部性影响评价结果的对比

环境影响	影响对象	经济损益分析	外部性分析
	文化心理资本	×	√
	自然资本	经济价值	社会保障价值
淹没赔偿	人力资本	√	×
	社会资本	×	√
	物质资本	√	×
	小计/亿元	−6.30	−0.93
	水环境	污废水处理与控制措施	低标准排放损失
	声环境	√	×
	大气环境	粉尘、废气、烟气等控制措施	温室气体排放损失
负面环境影响	陆生生物资源	保护与恢复措施	非直接使用价值损失
环保措施和水土保持措施等	水生生物资源	保护与恢复措施	生态调度损失
	水土保持	√	×
	环境监测	√	×
	其他	√	×
	小计/亿元	−7.25	−0.48
合计/亿元	−14.96	−13.55（91%）	−1.41（9%）

环境影响	影响对象	经济损益分析	外部性分析
正面环境影响	文化心理资本	×	√
	防洪	生态效益	社会经济效益
	航运	生态效益	社会经济效益
	区域经济	当地副业收入	税收和拉动就业效益
	电网性能	×	√
	大气环境	二氧化硫、二氧化氮减排效益	温室气体减排效益
	水环境	×	√
	拦沙	√	×
	陆生生物资源	×	√
合计/亿元	33.93（100%）	14.10（42%）	19.83（58%）
共计/亿元	18.97	0.55	18.42

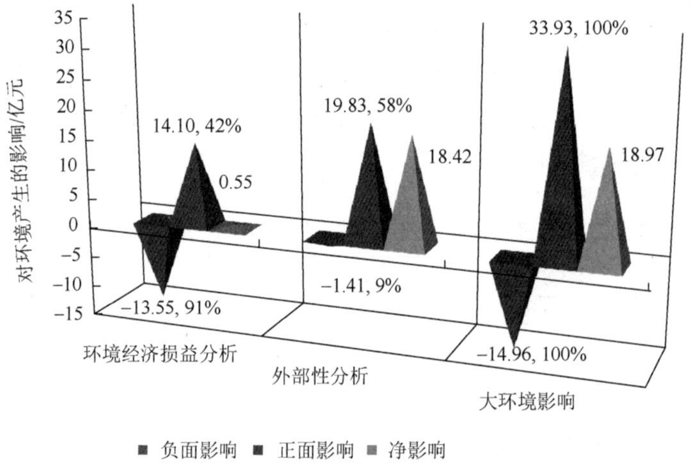

图 5-13　W 水电工程项目开发对环境产生的影响

通过对比 W 水电站环境经济损益分析与环境外部性影响评价的结果可以发现四点。

（1）环境经济损益分析中的损失（负面影响）是指淹没赔偿、环保措施和水土保持措施产生的成本，虽然涵盖了 91%的负面影响，但还有部分负面影响没有考虑，产生 9%的外部成本。

（2）环境经济损益分析中的效益（正面影响）仅考虑了部分正面影响（42%），还有大部分正面影响没有考虑进来，产生 58%的外部效益。

（3）环境经济损益分析的结果给人们一种错误的印象，好像环境损失和环境收益几乎相同，让人们对水电工程项目开发产生的影响产生怀疑，片面夸大局部环境影响。

（4）外部性影响分析可以对环境经济损益分析进行补充，从全社会的角度研究水电工程项目开发对大环境产生的正面和负面影响，可以展示水电工程项目开发产生的净效益，使人们全面认识水电工程项目开发产生的环境影响。

另外，在 W 水电站国民经济评价中，计算工程效益时仅计入了发电和防洪效益，对其他外部效益，如改善航运条件、缓解能源供应紧张局面、减轻环境污染和酸雨危害、刺激工程周边地区经济发展等，由于难以定量计算均没有计入国民经济评价；在计算工程费用时，仅包括了电站工程投资、输变电工程投资和运行费用。由于没有计入大部分外部效益，也没有考虑外部损失，无法体现水电工程项目开发的全部价值，使外部性受益者无偿享受工程的外部效益，外部性受损者的利益得不到较好的弥补，外部性影响的存在不利于水电可持续、绿色、共享发展。因此应开展外部性影响量化和货币化的研究，展示水电工程项目开发的外部效益和外部成本，促使外部性受益者分享外部收益，外部性受损者共享收益。

虽然环境外部性影响评价与现有的环境可行性和经济可行性的评价结果都可行，但外部性影响评价可以揭示不同利益主体在不同开发阶段的外部性受益或受损情况，评价的结果是在权衡利益关系、消除外部成本、共享外部效益的前提下可行，环境外部性影响评价是环境可行性评价的外延、丰富经济可行性评价的内涵。

第四节　水电工程项目开发环境外部性影响内部化

W 水电工程项目产生的正外部性影响和负外部性影响都是水电工程项目开发企业开发水电产生的，水电工程项目开发企业理应对这些负外部性影响进行补偿，以降低对利益受损者的影响，特别是降低对移民和水生生物资源的影响；同时水电工程项目开发企业也应享受水电工程项目开发带来的外部效益，以实现资源的最优配置，提高水电工程项目开发企业利益共享、恢复和保护自然生态环境的积极性。本书中的补偿主体主要为外部性受益区的政府、企业和居民，他们应把享受到的外部效益与水电工程项目开发企业一起共享；水电工程项目开发企业在得到 W 水电工程项目开发的外部收益后应进行转移支付，用于对外部性的受损者进行补偿，保障移民生活、维持生物多样性、保证河流健康。

项目开发环境正外部性影响的受益者主要分布在工程周边地区、大坝下游地区和受电区。W 水电工程周边地区主要是 TB 市和 SC 市；下游地区主要是 SC 市，由于工程周边地区和下游地区有重叠，而且经济发展水平相近，因此两个区域合并考虑补偿标准，补偿期限从工程施工开始计算，一直到外部性影响计算期末，即 2006～2065 年；受电区主要是 R 市，补偿期限从工程正常运行开始到计算期末，即 2015～2065 年。

一、工程周边地区和大坝下游地区补偿主体的补偿标准

W 水电工程项目开发为工程周边地区（TB 市和 SC 市）和下游地区（SC 市）带来较大的正外部性影响，主要体现为防灾减灾、促进区域经济发展、提高航运效益、保护水环境和陆生生物资源的外部效益。为了实现外部性影响内部化，工程周边地区和下游地区应对其所享受的正外部性影响进行利益共享。根据外部性受益区的发展水平、居民的支付能力和支付意愿以及对正外部影响的认识程度，确定受益区内部化补偿主体应提供的补偿标准。

（一）补偿系数的确定

1. 以 TB 市为主的 TF 市正外部性受益者的补偿系数

根据 TB 市统计年鉴、国民经济和社会发展统计公报等收集该市城镇居民和农村居民的恩格尔系数，计算全市居民的恩格尔系数，2006～2013 年恩格尔系数分别为 0.46、0.51、0.47、0.46、0.45、0.45、0.43 和 0.42。根据以上数据，拟合出 TB 市全市居民家庭恩格尔系数的变化趋势，拟合公式为：$\mathrm{En}_{\mathrm{TF}} = 4E + 13\mathrm{e}^{-0.016t}$，其中 $R^2 = 0.6554$，拟合效果可以接受。把预测出的 $\mathrm{En}_{\mathrm{TF}}$ 代入式（4-2），得到 TF 市以 TB 市为主的外部性受益者对环境正外部性影响内部化的补偿系数 I_{TF} 的变化趋势，如图 5-14 所示。

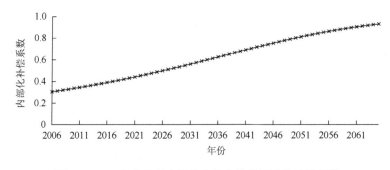

图 5-14　TF 市受益者应提供内部化补偿标准的补偿系数

根据拟合结果可知，随着 TF 市 TB 市居民生活水平的提高、环保意识的不断增强，受益者对 W 水电工程项目开发带来的正外部性影响的认可度也越来越高，支付能力和支付意愿也越来越高，内部化补偿系数从 2006 年的 0.30 增加到 2065 年的 0.93，即以 TB 市为主的 TF 市受益者有能力和意愿拿出享受到的环境外部收益，用来补偿工程开发产生环境负外部性影响的承受主体，包括受负外部性影响的政府、企业、居民和自然生态环境，实现利益共享。

2. SC 市外部性受益者的补偿系数

根据 SC 市统计年鉴等收集 SC 市城镇居民和农村居民的恩格尔系数，计算 SC 市全市居民的恩格尔系数，2006～2016 年恩格尔系数分别为 0.53、0.55、0.52、0.51、0.44、0.49、0.51、0.47、0.46、0.40 和 0.39。根据以上数据，拟合出 SC 市全市居民家庭的恩格尔系数的变化趋势，拟合公式为：$\text{En}_{\text{SC}} = 5E + 22e^{-0.026t}$，其中 $R^2 = 0.7202$，拟合效果可以接受。把预测出的 En_{SC} 代入式（4-2），得到 SC 市受益者对环境正外部性影响内部化的补偿系数 I_{SC} 的变化趋势，如图 5-15 所示。

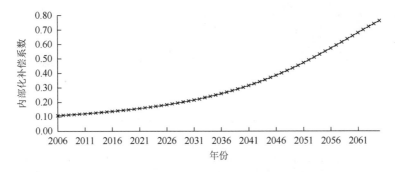

图 5-15　SC 市受益者应提供内部化补偿标准的补偿系数

根据拟合结果可知，作为 W 水电工程项目开发环境正外部性影响的下游受益者，SC 市受益者的内部化补偿系数比 TF 市低，主要原因在于在预测补偿系数的变化时，TF 市受益者的补偿系数采用的是 TB 市的恩格尔系数，而 SC 市非工程影响区的其他受益者的受益程度相对较小，导致 SC 市受益者的内部化补偿系数整体偏低。但是 SC 市外部性受益者内部化补偿系数的变化规律与 SC 市相同，即随着区域经济、航运效应和防灾减灾正外部效益的凸显，受益者环保意识的提高以及社会的进步，SC 市的受益者在享受到外部收益之后，应提供补偿标准的补偿系数也逐渐增加。

（二）补偿标准的构建

　　W 水电工程项目开发对工程周边地区和大坝下游地区环境产生的正外部性影响中防灾减灾的外部效益具有潜在性，在没有发生原来不能防御的洪水时没有外部效益，因此在补偿时不进行体现。工程项目涉及两个省份的不同城市，补偿系数不同，因此参考 W 水电站水资源费在 S、T 两省的分配比例进行加权平均，T 省比例为 50.49%，S 省比例为 49.51%，则 $I_{周边和下游} = I_{TF} \times 50.49\% + I_{SC} \times 49.51\%$。根据式（4-1），TF 市和 SC 市应提供的补偿标准为

$$CS_{tSC和TB} = \{[(JJ_1 + JJ_2 + JJ_3 + ZS_3)_t, I_{t周边和下游}], (JJ_1 + JJ_2 + JJ_3 + ZS_3)_t\} \quad （5-34）$$

　　TF 市和 SC 市在享受 W 水电工程开发的外部效益后，应提供的补偿标准变化趋势如图 5-16 所示。

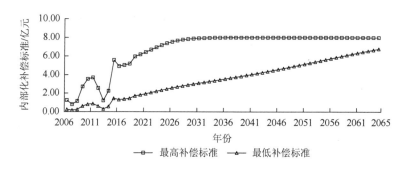

图 5-16　TF 市和 SC 市应提供的补偿标准

　　可以看出，W 水电工程项目开发对工程周边地区和大坝下游带来较大的环境外部效益。为了实现水电工程项目开发利益共享，切实保护外部性受损者的利益，促进自然生态环境的恢复和保护，环境外部效益的受益者应为受损者和自然生态环境提供补偿。水电工程项目开发对工程周边地区和下游区产生外部效益变化，导致补偿标准也随之波动，但随着正外部效益的显现，周边地区和下游的受益者逐渐认识到水电工程项目开发对当地产生的环境正外部性影响，人们对外部性影响的补偿意愿也逐渐提高，最低补偿标准也逐渐增加，从 2006 年的 0.26 亿元增加到 2065 年的 6.77 亿元，虽然没有完全把外部性影响内部化，但是通过调动水电工程项目开发外部性受益者补偿的主动性，可以刺激水电工程项目开发企业的积极性，促进水电的可持续发展、绿色发展和共享发展。

二、受电区补偿主体的补偿标准

W 水电站发电量主要供电华东地区（通过直流线路将发电量的 80%～90%输往 R 市），兼顾 S、T 两省（各送 5%），本书仅考虑主要受电区 R 市应提供的补偿标准。W 水电工程项目开发为受电区（R 市）带来巨大的正外部性影响，主要包括电网性能提高和大气环境改善效益。为了实现外部性影响内部化，真正实现水电工程项目开发利益共享，R 市应对其所享受的外部效益进行利益共享。根据 R 市的发展水平、居民的支付能力和支付意愿以及对正外部影响的认识程度，确定内部化补偿主体 R 市应提供的补偿标准。

（一）补偿系数的确定

根据 R 市统计年鉴以及居民人均消费支出比例，计算出 2012～2017 年 R 全市居民的恩格尔系数，2012～2017 年恩格尔系数分别为 0.37、0.35、0.36、0.27、0.26 和 0.25。根据以上数据，拟合出 R 市全市居民家庭的恩格尔系数的变化趋势，拟合公式为：$En_R = 2E + 79e^{-0.091t}$，其中 $R^2 = 0.8795$，拟合效果较好。把预测出的 En_R 代入式（4-2），得到 R 市受益者对环境正外部性影响内部化的补偿系数 $I_{受电区}$ 变化趋势，如图 5-17 所示。

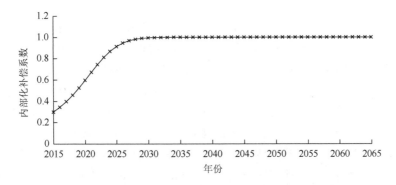

图 5-17 R 市受益者应提供内部化补偿标准的补偿系数

根据拟合结果可知，随着 R 市受益者生活水平的提高、环保意识的增强，人们对 W 水电工程项目开发带来的正外部性影响的认可度也越来越高，支付能力和支付意愿也越来越高，在 2038 年以后补偿系数趋近于 1，即 R 市受益者愿意拿出享受到的环境外部收益，用于开发地自然生态环境的恢复和保护，保证自然生态环境的可持续发展。

（二）补偿标准的构建

W 水电工程项目开发对受电区环境产生的正外部性影响主要包括改善电网性能和大气环境，由于发电量的 80%～90% 送往 R，所以取两个正外部性影响之和的 85% 计算，因此，根据式（4-1）确定 R 市应提供的补偿标准为

$$CS_{tR} = \{[(JJ_4 + ZS_2)_t \times 0.85, I_{t用电区}], (JJ_4 + ZS_2)_t \times 0.85\} \tag{5-35}$$

R 市在享受 W 水电工程开发的外部效益后，应提供的补偿标准变化趋势如图 5-18 所示。

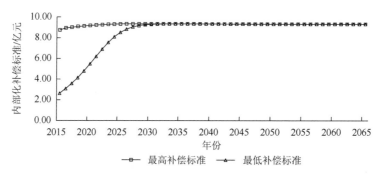

图 5-18　R 市应提供的补偿标准

可见，随着 R 市社会经济的不断进步，人们对水电工程项目开发的正外部性影响认识程度逐渐增加。为了实现外部性影响内部化，R 市每年应提供一定的补偿，补偿资金用于环境敏感区的保护、河流生态系统的修复等。2015 年 W 水电站正常运行后，向 R 供电，清洁稳定的电能为 R 市减排产生较大的外部性影响，考虑到人们对该外部性影响认识的不到位以及支付能力和支付意愿的限制，R 市应提供的补偿标准为 2.63 亿元；随着减排效果逐渐凸显，国家对生态环境重视度的提高，以及人们生活水平的提高，补偿标准也逐渐提高；2033 年，R 市的社会经济发展到很高的水平，生态优先的概念已经根深蒂固，R 市有能力把享受到正外部性影响的效益全部用于负外部性影响区生态环境的恢复和保护，每年按 9.34 亿元的标准提供补偿，通过共享利益促进绿色发展。

三、针对环境负外部性受损者的补偿措施

W 水电工程项目开发过程中对社会文化和自然生态环境产生较大的不利影

响，但是水电工程项目开发企业对水电工程项目开发过程中造成的不利环境影响进行了治理、修复和整治，并在工程规划、施工和运行阶段采取了很多工程措施、技术措施和管理措施以避免或降低对环境的负面影响。由于工程开发时认识不够充分或者难以采取有效措施避免，部分潜在的、长期的、更大范围的不利环境影响不能得到消除，对环境产生较大的负外部性影响，仅靠水电工程项目开发企业已经无法把这些负外部性影响内部化，必须依靠政府、市场和民间组织联手，才能使水电工程项目开发企业与外部性受益者一起实现负外部性影响的内部化，在实现水电工程效益最大化的同时，确保负外部性受损者的利益。下面针对 W 水电工程项目开发环境负外部性影响内部化的补偿客体（利益受损者）中的主要受损者——移民以及自然生态环境，提出补偿措施。

（一）建立全方位、立体化的移民发展保障体系

按照国务院 2006 年修订发布的《大中型水利水电工程建设征地补偿和移民安置条例》，W 水电工程项目开发最初确定的补偿标准为每月 160 元的生活补助和50 元的后期扶持款。由于总包协议的约束力不足，移民的要求不断提高、政府的诉求不断增加，经过不断地博弈，为了减少对移民的负外部性影响，W 水电工程开发公司本着"建好一座电站，带动一方经济，改善一片环境，造福一批移民"的开发理念，把移民经费从原计划的 230 亿元，增加到 430 亿元，切实保障移民的利益得到合理的补偿、安置地基础设施高标准修建、移民的住房问题得到解决。此外，W 水电工程开发公司还推行"爱心行动"，援建库区希望小学，设立"水库移民妇女发展扶持基金"等公益事业，通过招商引资为库区和安置区产业项目牵线搭桥，使地方政府和移民群众整体满意。

为了彻底消除 W 水电工程项目开发对移民产生的环境负外部性影响，在前期工作的基础上还应为移民建立全方位、立体化的发展保障体系，包括教育保障体系、就业和失业保障体系、医疗保障体系、养老保障体系和利益共享体系。

1. 教育保障体系

为移民和安置地居民提供就业培训、职业教育、义务教育保障，为学生提供高等教育保障，保证人人有书读；开展更多的教育帮扶项目，支持安置区的教育事业，提高教育水平，保证办学条件和师资，使移民综合素质得到提高，从根源上保障移民生活质量。

2. 就业和失业保障体系

移民数量庞大，需要的就业岗位很多，为了保障移民就近择业，应为相对较

集中的移民安置地实行留存电量供电措施、税费减免政策，招商引资、扶持相关产业发展，为移民提供更多的岗位；另外，对于有能力、有意愿的移民，政府可以从财政、税收、融资等方面给予支持，鼓励他们依托地方特色产业自主创业。

W 水电工程项目开发移民都处于偏远地区，移民文化素质低，信息闭塞。移民初次就业很可能不成功，仅靠短期或近期的就业指导和技能培训不能使移民的就业得到长期的保障。因此，就业指导和技能培训工作应长期开展，不定期地为失业的移民或想另谋职业的移民提供指导与培训，帮助他们尽快找到适合的工作。

3. 医疗保障体系

2009 年中国政府相关部门联合确定了新型农村合作医疗保险制度作为农村基本医疗保障制度，农民个人缴费标准和各级财政对新农合的人均补助标准都在逐年提高。但是新型农村合作医疗保险制度仍需不断完善：首先，患者必须完全自费后拿着医院开具的发票才能到所在辖区政府机关申请报销；其次，报销的比例偏低；最后，很多项目不在报销范围内，如门诊治疗费、出诊费、救护费等，还有很多药品也不在报销范围内。

为了解决移民生病就医的后顾之忧，让移民共享水电工程项目开发的效益，水电工程项目开发的受益者，包括外部性受益者，应成立医疗救助基金，专门帮助生活困难的移民，为移民购买基本的商业医疗保险，使移民生病就医得到保障。

4. 养老保障体系

W 水电站移民如果选择养老保障安置，在年满 60 周岁时可领取每人每月 190 元的养老金，之前每人每月可以领取 160 元。选择城镇化安置的移民每人每月可领取 160 元的补偿，土地补偿费和安置补助费统筹用于长期补偿；选择农业生产安置和复合安置的，在分配土地后，如果土地补偿费和安置补助费有剩余，可以货币形式兑现到户。该补偿标准在出台时可以满足移民最基本的生活需求，但是随着社会经济的发展、物价水平的提高，该标准也应不断提高。虽然城乡居民基本养老保险制度已经在全国普遍推广，不管是何种安置方式移民都有享受社会保险的权利，但是保障水平也偏低。因此，应根据社会经济发展阶段和物价水平定期调整后期扶持标准和养老金标准，以适应物价上涨水平，满足移民的基本需求。

5. 利益共享体系

换个角度看，把移民看作水电工程项目开发的投资者，他们通过投入自己的生计、资源等用来开发水电，因此理应享受水电工程项目开发的收益。应构建多维的利益共享体系，真正实现利益共享，如提供施工、运行、服务、管理等就业机会，提供原材料供应机会等；优先供电、供水、灌溉、捕鱼，优先管理休闲娱乐项目，以及共享项目施工、运行等上交的税收，购买水电股份等；对低收入家庭进行补助，为移民提供更好的基础设施，包括教育、道路、医疗、排水等；为移民提供技能培训、无息贷款、住房改善，以及优惠的电费、水费、税费等。

W 水电工程项目开发的外部性受益者应通过政策补偿、基金补偿、项目补偿、实物补偿、技术补偿、教育补偿等方式，水电工程项目开发企业应通过适当降低电价、电量留存、发电收益提成等手段建立长效补偿机制，为工程移民提供全方位、立体化的发展保障体系，使移民幼有所教、青壮有所劳、老弱有所养、有病能医治，消除工程开发对移民产生的负外部性影响，促进长效发展、社会和谐。

（二）建立流域统筹的综合自然生态环境保护体系

W 水电工程项目在开发过程中，开发公司采取了施工废水处理回用、生活污水处理、表土资源循环利用、建立湿润河谷经济林区、营造水土保持林或水源涵养林、恢复受损植被和退化植被、保护动植物资源、调整鱼类自然保护区、研究鱼类人工繁殖、建立增殖放流站、开展专题研究等保护措施以降低对自然生态系统的影响，恢复自然生态环境。但是 W 水库淹没了珍稀鱼类国家级自然保护区核心区河段长度的 98%，占保护区河段长度的 37%，淹没后 W 水库库段丧失作为原保护区核心区的意义。为了实现对达氏鲟、胭脂鱼等 C 江上游珍稀鱼类的保护，对原保护区范围进行了调整。大坝成为以鱼类为代表的水生生物无法逾越的屏障，水库运行改变水文情势和水温，对水生生物组成和重要生境产生较大的影响。虽然采取了保护区调整、人工增殖放流等措施，但由于对水生生物资源的认识不够充分或者难以采取有效措施，部分潜在的、长期的、更大范围的不利环境影响不能得到消除，产生一定的负外部性影响。

为切实保护流域生态环境和河流生态系统，有必要从流域和河流整体角度统筹制定水生生态保护措施。W 水电站是 J 江上的最末一个梯级电站。J 江为 C 江的上游，全长 2308km，流域面积近 50 万 km²，J 江共规划了 20 个梯级，中下游河段水电站已陆续投产运营，上游梯级开发相对缓慢，但 J 江已经被分割成一段段的静水，由急流型河流生态系统逐渐向水库生态系统演变。加之水域污染、过度捕捞、航道整治、岸坡硬化、挖沙采石等人类活动影响，J 江水生生物多样性持续下降，生物资源衰退，水域生态质量不断下降。

为了降低水电梯级开发产生的环境负外部性影响，应采取自然恢复、协助恢复和人为恢复等手段，促进 J 江水域生态环境修复，有效恢复水生生物资源，增加生物多样性指数。

1. 自然恢复减少破坏

实施 J 江全面禁渔，挽救渔业资源"公地悲剧"的命运，保证 J 江休养生息；进一步防治 J 江水域污染、强化涉水工程监管、减少挖沙采石，促使 J 江水域生态系统自然恢复。

2. 协助恢复提供生长繁殖条件

克服 J 江上中下游不同水电工程项目开发主体的限制，建立流域级的水库调度机构，研究水库群蓄水及运行对水域生态的影响，开展基于水生生物需求的生态调度，确定适宜生态流量过程，在保证水域生态系统稳定的前提下确定发电量，不以牺牲水域生态环境为代价换取经济效益。

进一步修复水生生物产卵场、索饵场、越冬场、育肥场和洄游通道等关键生境和重要栖息地[175]，恢复关键生境的生态功能，为水生生物提供足够的生长繁殖空间，实现水生生物资源恢复性增长。

3. 人为修复增加种群数量

加强对达氏鲟、白鲟等濒危物种的人工繁殖和驯养，进行亲本放归和幼鱼规模化放流，补充野生资源，推动野生种群重建和恢复，拯救濒危的水生生物资源。继续加大对胭脂鱼、"四大家鱼"、圆口铜鱼、长鳍吻鮈等 J 江珍稀特有物种的增殖放流，恢复水生生物物种群的适宜规模。

各梯级水电工程项目开发企业应协同各级政府与水电工程项目开发外部性影响的受益者一起通过政策补偿、基金补偿、实物补偿、技术补偿、教育补偿等方式为渔民提供生活保障、教育保障、就业保障、医疗保障和养老保障，解决退捕渔民的后顾之忧；通过政策约束、项目补偿、设立自然生态补偿基金等，确保 J 江水域生态系统的恢复和水生生物资源的保护，推动形成人与自然和谐共生的绿色发展格局。

参 考 文 献

[1] 晏志勇，彭程，袁定远，等. 全国水力资源复查工作概述[J]. 水力发电，2006，32（1）：8-11，25.

[2] 喻小宝，郑丹丹，杨康，等."双碳"目标下能源电力行业的机遇与挑战[J]. 华电技术，2021，43（6）：21-32.

[3] 马善定，汪如泽. 水电站建筑物[M]. 第二版. 北京：水利水电出版社，1982.

[4] 温新丽. 水电站及泵站建筑物[M]. 北京：中国广播电视大学出版社，2002.

[5] 张克诚. 抽水蓄能电站水能设计[M]. 北京：中国水利水电出版社，2007.

[6] 张豪磊，李俊杰，冯忠良. 项目生命周期评价在水利水电工程项目中的应用[J]. 管理锦囊，2012，（5）：39-40.

[7] 王超. 水利建设项目环境影响经济损益分析[J]. 水利经济，1994，（1）：29-33.

[8] Sidgwick H. The Principles of Political Economy[M]. London：Macmillan and Co.，1883.

[9] 吕忠梅. 超越与保守：可持续发展视野下的环境法创新[M].北京：法律出版社，2003.

[10] 张学刚，王玉婧. 环境管制政策工具的演变与发展——基于外部性理论的视角[J]. 湖北经济学院学报，2010，8（4）：94-98.

[11] 李云燕. 环境外部不经济性的产生根源和解决途径[J]. 山西财经大学学报，2007，29（6）：7-13.

[12] Drechsler M，Wätzold F. The importance of economic costs in the development of guidelines for spatial conservation management[J]. Biological Conservation，2001，97（1）：51-59.

[13] Davis O A，Whinston A. Externalities，welfare，and the theory of games[J]. Journal of Political Economy，1962，70（3）：241-262.

[14] 约瑟夫·斯蒂格里兹. 政府经济学[M]. 曾强，何志雄，等，译. 北京：春秋出版社，1988.

[15] 汪安佑，雷涯邻，沙景华. 资源环境经济学[M]. 北京：地质出版社，2005.

[16] 向昀，任健. 西方经济学界外部性理论研究介评[J]. 经济评论，2002，（3）：58-62.

[17] 李艳辉. 中国农村义务教育投入的问题研究[D]. 郑州：郑州大学，2005.

[18] Greenwald B C，Stiglitz J E. Externalities in economies with imperfect information and incomplete markets[J]. Quarterly Journal of Economics，1986，101（2）：229-264.

[19] 薛文博. "西电东送"贵州火电项目对区域空气质量影响研究[D]. 咸阳：西北农林科技大学，2007.

[20] Rothengatter W. Do external benefits compensate for external costs of transport？[J]. Transportation Research Part A：Policy and Practice，1994，28（4）：321-328.

[21] Calthrop E，Proost S. Road transport externalities[J]. Environmental and Resource Economics，1998，11（3-4）：335.

[22] Verhoef E T，Rouwendal J. A behavioural model of traffic congestion：endogenizing speed

choice，traffic safety and time losses[J]. Journal of Urban Economics，2004，56（3）：408-434.

[23] Penghao C，Pingkuo L，Hua P. Prospects of hydropower industry in the Yangtze River Basin：China's green energy choice[J]. Renewable Energy，2019，131（C）：1168-1185.

[24] 徐长义，钟登华，曹广晶. 中国水电可持续发展的理性思考[J]. 长江流域资源与环境，2008，17（4）：535-539.

[25] Mattmann M，Logar I，Brouwer R. Hydropower externalities：a meta-analysis[J]. Energy Economics，2016，57：66-77.

[26] Sovacool B K，Walter G. Major hydropower states，sustainable development，and energy security：insights from a preliminary cross-comparative assessment[J]. Energy，2018，142：1074-1082.

[27] Cernea M M. Poverty risks from population displacement in water resources development[J]. Development Discussion Paper Harvard Institute for International Development，1990，（355）：55-101.

[28] Liu Y，Shuai C，Zhou H. How to identify poor immigrants？-An empirical study of the Three Gorges Reservoir in China[J]. China Economic Review，2017，44：311-326.

[29] ENV. Resettlement and Development：The Bankwide Review of Projects Involving Involuntary Resettlement 1986-1993[R]. Washington：World Bank，1994.

[30] 陈绍军. 水库移民系统社会风险控制及综合评价研究[D]. 南京：河海大学，1999.

[31] 王美晶. 水库移民无形损失的研究[D]. 南京：河海大学，2006.

[32] Hattori A，Fujikura R. Estimating the indirect costs of resettlement due to dam construction：a Japanese case study[J]. International Journal of Water Resources Development，2009，25（3）：441-457.

[33] Downing T E. Mitigating social impoverishment when people are involuntarily displaced[J]. Understanding Impoverishment：The Consequences of Development-induced Displacement，1996，2：33-48.

[34] Koenig D. Toward local development and mitigating impoverishment in development-induced displacement and resettlement[J]. University of Oxford Refugee Studies Centre，2002：1-101.

[35] Bank W. Involuntary Resettlement Sourcebook：Planning and Implementation in Development Projects[M]. Washington：World Bank Publications，2010.

[36] Fujikura R，Nakayama M，Takesada N，et al. Lessons from resettlement caused by large dam projects：case studies from Japan，Indonesia and Sri Lanka.[J]. International Journal of Water Resources Development，2009，25（3）：407-418.

[37] 段跃芳. 水库移民补偿理论与实证研究[D]. 武汉：华中科技大学，2004.

[38] 陈红芬. 水库移民的外部成本研究[D]. 南京：河海大学，2007.

[39] 樊启祥. 水电项目开发利益共享模型研究[D]. 北京：清华大学，2010.

[40] Shrestha P，Lord A，Mukherji A，et al. Benefit Sharing and Sustainable Hydropower：Lessons from Nepal[M]. Kathmandu：ICIMOD，2016.

[41] 王浩，马静，刘宇，等. 172 项重大水利工程建设的社会经济影响初评[J]. 中国水利，2015，（12）：1-4.

[42] Cicchetti C J，Smith V K，Carson J，et al. An economic analysis of water resource investments

and regional economic growth[J]. Water Resources Research，1975，11（1）：1-6.

[43]　De Faria F A M，Davis A，Severnini E，et al. The local socio-economic impacts of large hydropower plant development in a developing country[J]. Energy Economics，2017，67：533-544.

[44]　Aleseyed M，Rephann T，Isserman A. The local effects of large dam reservoirs：US experience，1975—1995[J]. Review of Urban & Regional Development Studies，1998，10（2）：91-108.

[45]　劳承玉，张序. 重大水电建设项目区域经济影响评价原则与方法[J]. 水力发电，2010，36（8）：9-12.

[46]　Kline P，Moretti E. Local economic development，agglomeration economies，and the big push：100 years of evidence from the Tennessee Valley Authority[J]. Quarterly Journal of Economics，2014，129（1）：275-331.

[47]　吴冲. 大型水电站区域经济影响研究[D]. 昆明：云南财经大学，2013.

[48]　樊启祥，龚德宏. 水电在西部地方经济发展中的地位和作用——云南小湾、广西龙滩水电站调研报告[J]. 中国三峡，2003，10（10）：30-34.

[49]　李天华. 水电项目建设对区域经济可持续发展的推动效应研究[J]. 科技与经济，2011，24（4）：106-110.

[50]　Hadjerioua B，Witt A M，Stewart K M，et al. The Economic Benefits of Multipurpose Reservoirs in the United States-federal Hydropower Fleet[R]. Oak Ridge National Laboratory（ORNL），Oak Ridge，TN（United States），2015.

[51]　Davis，Crai H. Regional Economic Impact Analysis and Project Evaluation[M]. Vancouver：University of British Columbia Press，1990.

[52]　Jackson R W，Comer J C. An alternative to aggregated base tables in input-output table regionalization[J]. Growth and Change，1993，24（2）：191-205.

[53]　方春阳. 水电开发与区域经济协调发展研究[D]. 北京：北京交通大学，2010.

[54]　Dan S R，Schwer R K. A comparison of the multipliers of IMPLAN，REMI，and RIMS II：Benchmarking ready-made models for comparison[J]. Annals of Regional Science，1995，29（4）：363-374.

[55]　陆菊春，邵东国，刘小花. 水利投入对国民经济增长贡献的量化方法研究[J]. 水电能源科学，2002，（1）：54-56.

[56]　Klaus C，Helmut S. The economic benefits of public infrastructure[J]. Applied Economics，1994，26（4）：303-311.

[57]　Rosenberg D M，McCully P，Pringle C M. Global-scale environmental effects of hydrological alterations：introduction[J]. Bio Science，2000，50（9）：746-751.

[58]　Dynesius M，Nilsson C. Fragmentation and flow regulation of river systems in the northern third of the world[J]. Science，1994，266（5186）：753-762.

[59]　Mahmoud A Z. Environmental impacts of the Aswan High Dam[J]. International Journal of Water Resources Development，1989，5（3）：147-157.

[60]　Ly C K. The role of the Akosombo Dam on the Volta river in causing coastal erosion in central and eastern Ghana（West Africa）[J]. Marine Geology，1980：323-332.

[61]　Ebel W J. Supersaturation of nitrogen in the Columbia River and its effect on salmon and

steelhead trout[J]. US National Marine Fisheries Service Fishery Bulletin，1969，68：1-11.

[62] Kamal R，Zhu D Z，Leake A，et al. Dissipation of supersaturated total dissolved gases in the intermediate mixing zone of a regulated river[J]. Journal of Environmental Engineering，2018，145（2）：04018135.

[63] Galy-Lacaux C，Delmas R，Jambert C，et al. Gaseous emissions and oxygen consumption in hydroelectric dams：a case study in French Guyana[J]. Global Biogeochemical Cycles，1997，11（4）：471-483.

[64] Louis V L S，Kelly C A，Duchemin É，et al. Reservoir surfaces as sources of greenhouse gases to the atmosphere：a global estimate：reservoirs are sources of greenhouse gases to the atmosphere，and their surface areas have increased to the point where they should be included in global inventories of anthropogenic emissions of greenhouse gases[J]. Bio Science，2000，50（9）：766-775.

[65] Guérin F，Abril G，Richard S，et al. Methane and carbon dioxide emissions from tropical reservoirs：significance of downstream rivers[J]. Geophysical Research Letters，2006，33（21）：1-6.

[66] McAllister D E，Craig J F，Davidson N，et al. Biodiversity impacts of large dams[J]. Background Paper，2001，1：1-68.

[67] Lenhardt M，Jaric I，Kalauzi A，et al. Assessment of extinction risk and reasons for decline in sturgeon[J]. Biodiversity & Conservation，2006，15（6）：1967-1976.

[68] Lees A C，Peres C A，Fearnside P M，et al. Hydropower and the future of Amazonian biodiversity[J]. Biodiversity and Conservation，2016，25（3）：451-466.

[69] Mekonnen M M，Hoekstra A Y. The blue water footprint of electricity from hydropower[J]. Hydrology and Earth System Sciences，2012，16（1）：179-187.

[70] Strachan I B，Tremblay A，Pelletier L，et al. Does the creation of a boreal hydroelectric reservoir result in a net change in evaporation？[J]. Journal of Hydrology，2016，540：886-899.

[71] Dorber M，Mattson K R，Sandlund O T，et al. Quantifying net water consumption of Norwegian hydropower reservoirs and related aquatic biodiversity impacts in Life Cycle Assessment[J]. Environmental Impact Assessment Review，2019，76：36-46.

[72] Rosenberg D M，Berkes F，Bodaly R A，et al. Large-scale impacts of hydroelectric development[J]. Environmental Reviews，1997，5（1）：27-54.

[73] Costanza R，d'Arge R，De Groot R，et al. The value of the world's ecosystem services and natural capital[J]. Nature，1997，387（6630）：253-260.

[74] 欧阳志云，王如松，赵景柱. 生态系统服务功能及其生态经济价值评价[J]. 应用生态学报，1999，10（5）：635-640.

[75] Bellver-Domingo A，Hernández-Sancho F，Molinos-Senante M. A review of Payment for Ecosystem Services for the economic internalization of environmental externalities：a water perspective[J]. Geoforum，2016，70：115-118.

[76] 李世涌，洪艳，华彦玲. 水电开发的生态负外部性问题研究[J]. 开发研究，2008，（3）：49-54.

[77] 鲁传一，周胜，陈星. 水能资源开发生态补偿的测算方法与标准探讨[J]. 生态经济，2011，（3）：27-33.

[78] Yu B，Xu L. Review of ecological compensation in hydropower development[J]. Renewable and Sustainable Energy Reviews，2016，55：729-738.

[79] Sundqvist T. Power Generation Choice in the Presence of Environmental Externalities[D]. Luleå：Luleå Tekniska Universitet，2002.

[80] 张畅，强茂山. 水电资源开发的投入要素分析[J]. 水力发电学报，2012，31（6）：294-299.

[81] Tajziehchi S，Monavari S M，Karbassi A R，et al. Quantification of social impacts of large hydropower dams-a case study of Alborz Dam in Mazandaran Province，Northern Iran[J]. International Journal of Environmental Research，2013，7（2）：377-382.

[82] Zheng T，Qiang M，Chen W，et al. An externality evaluation model for hydropower projects：a case study of the Three Gorges Project[J]. Energy，2016，108：74-85.

[83] Jones B A，Ripberger J，Jenkins-Smith H，et al. Estimating willingness to pay for greenhouse gas emission reductions provided by hydropower using the contingent valuation method[J]. Energy Policy，2017，111：362-370.

[84] 肖建红. 水坝对河流生态系统服务功能影响及其评价研究[D]. 南京：河海大学，2007.

[85] 庞博慧. 基于碳足迹理论的水电枢纽工程能耗分析研究[D]. 天津：天津大学，2014.

[86] Zhang J，Xu L，Li X. Review on the externalities of hydropower：a comparison between large and small hydropower projects in Tibet based on the CO_2，equivalent[J]. Renewable & Sustainable Energy Reviews，2015，50（1-3）：176-185.

[87] Sheldon S，Hadian S，Zik O. Beyond carbon：quantifying environmental externalities as energy for hydroelectric and nuclear power[J]. Energy，2015，84：36-44.

[88] Klimpt J É，Rivero C，Puranen H，et al. Recommendations for sustainable hydroelectric development[J]. Energy Policy，2002，30（14）：1305-1312.

[89] 叶舟. 浙江省小水电可持续发展研究之二：水电资源开发的外部性及其补偿机制[J]. 中国水能及电气化，2005，（6）：4-7.

[90] 刘建平. 通向更高的文明：水电资源开发多维透视[M]. 北京：人民出版社，2008.

[91] Branche E. The multipurpose water uses of hydropower reservoir：the SHARE concept[J]. Comptes Rendus Physique，2017，18（7-8）：469-478.

[92] Rayamajhee V，Joshi A. Economic trade-offs between hydroelectricity production and environmental externalities：a case for local externality mitigation fund[J]. Renewable Energy，2018，129：237-244.

[93] 伍新木，李雪松. 流域开发的外部性及其内部化[J]. 长江流域资源与环境，2002，11（1）：21-26.

[94] Hardin G. The tragedy of the common[J]. Science，1968，162（3859）：1243-1248.

[95] Cernea M M. Eight Main Risks：Impoverishment and Social Justice in Resettlement[R]. Washington D C：The World Bank Environment Department，1996.

[96] 胡静. 非自愿移民相关研究综述[J]. 湖北经济学院学报（人文社会科学版），2007，4（7）：28-29.

[97] 朱东恺. 水利水电工程移民制度研究[D]. 南京：河海大学，2005.

[98] Pearce D W，Turner R K. Economics of Natural Resources and the Environment[M]. Maryland：JHU Press，1990.

[99] 陈冰达，张艳丽，万伟民，等. 水电机组在电力系统调节中的作用及穿越振动区对机组寿命影响的研究[J]. 湖北电力，2013，37（3）：50-52.

[100] 朱国伟. 环境外部性的经济分析[D]. 南京：南京农业大学，2003.

[101] 陈水生. 从怒江水电站开发看中国公共政策模式变化[OL]. 东方早报（上海）. http://news.163.com/15/0113/09/AFR3P8NQ00014AED.html[2015-01-13].

[102] 刘伟. 从"乡土"文化结构探究三峡移民心理困境原因[J]. 三峡大学学报（人文社会科学版），2007，（5）：13-16.

[103] 诸培新，卜婷婷，吴正廷. 基于耕地综合价值的土地征收补偿标准研究[J]. 中国人口·资源与环境，2011，21（9）：32-37.

[104] 郑腾飞. 水电开发项目外部性研究[D]. 北京：清华大学，2015.

[105] 文柏海. 水库移民城镇化安置的思考[J]. 湖南水利水电，2014，（2）：73-76.

[106] Lerer L B，Scudder T. Health impacts of large dams[J]. Environmental Impact Assessment Review，1999，19（2）：113-123.

[107] 袁丹红，李亚农. 已建水电工程对自然疫源性疾病的影响及其对策[J]. 水电站设计，2002，18（4）：32-36.

[108] 郑丰. 阿斯旺高坝的环境影响[J]. 水利水电快报，1997，18（14）：19-21.

[109] 陈晓年，李颖，张威奕. 大型水电工程的社会经济影响及生态环境影响分析[J]. 中国农村水利水电，2010，（11）：161-163.

[110] 心远，双超，王波，等. 和谐水电向家坝[J]. 中国三峡建设，2007，（6）：16-27.

[111] 施国庆，陈绍军. 联合国水电与可持续发展研讨会文集：水利水电开发的社会影响分析[C]. 北京，2004.

[112] 曹永强，倪广恒，胡和平. 水利水电工程建设对生态环境的影响分析[J]. 人民黄河，2005，27（1）：56-58.

[113] 颜剑波，楚凯锋，张德见，等. 两种常用经验公式法计算水库水温效果比较研究[J]. 四川环境，2015，34（6）：117-122.

[114] 曹慧. 浅谈生态环境与水电工程建设[J]. 人民长江，2007，38（3）：65-66.

[115] Fearnside P M. Do hydroelectric dams mitigate global warming? The case of Brazil's Curuá-Una Dam[J]. Mitigation and Adaptation Strategies for Global Change，2005，10（4）：675-691.

[116] Pacca S. Impacts from decommissioning of hydroelectric dams: a life cycle perspective[J]. Climatic Change，2007，84（3-4）：281-294.

[117] 赵成. 水库低温水对水稻影响的初探[J]. 水利水电技术，2007，38（12）：73-74.

[118] Nilsson C，Reidy C A，Dynesius M，et al. Fragmentation and flow regulation of the world's large river systems[J]. Science，2005，308（5720）：405-408.

[119] 唐勇智. 非自愿移民的社会资本补偿——以丹江口库区移民为例[J]. 湖南农业大学学报（社会科学版），2011，12（1）：1-9.

[120] 柴西龙. 水电工程项目开发生态环境资源价值核算及对策研究[D]. 北京：北京化工大学，2005.

[121] 马玉恩，宣兆社. 老干江防洪工程经济效益分析[J]. 吉林水利，1995，（4）：20-22.

[122] 方国华. 水利工程经济学[M]. 北京：中国水利水电出版社，2011.

[123] 雷杨，梁忠民. 防洪工程经济效益计算方法研究进展[J]. 水利经济，2008，26（3）：16-19.

[124] 方国华，戴树声. 防洪效益计算方法探讨[J]. 人民黄河，1995，17（1）：10-13.

[125] 张达志. 防洪效益计算方法[J]. 广东水利水电，2002，（5）：1-4.

[126] 王海霞. 防洪工程促进沿江经济发展的效益量化研究[D]. 河海大学，2007.

[127] 邱忠恩. 水利工程的航运效益及其计算方法[J]. 人民长江，1996，27（9）：29-31.

[128] 张旋，吴中宇. 服务型政府在促进就业中的战略研究[J]. 西北人口，2007，28（6）：29-33.

[129] 郑腾飞，强茂山，陈文超，等. 水电项目产出要素正外部性分析[J]. 水力发电学报，2015，34（4）：184-190.

[130] 欧阳志云，赵同谦，王效科，等. 水生态服务功能分析及其间接价值评价[J]. 生态学报，2004，24（10）：2091-2099.

[131] 耿润哲，王晓燕，段淑怀，等. 小流域非点源污染管理措施的多目标优化配置模拟[J]. 农业工程学报，2015，31（2）：211-220.

[132] 耿春建. 大连市排污权交易系统的研究[D]. 大连：大连理工大学，2011.

[133] 涂华，刘翠杰. 标准煤二氧化碳排放的计算[J]. 煤质技术，2014，（2）：57-60.

[134] 隋欣，廖文根. 中国水电温室气体减排作用分析[J]. 中国水利水电科学研究院学报，2010，8（2）：133-137.

[135] 中国生物多样性国情研究报告编写组. 中国生物多样性国情研究报告[M]. 北京：中国环境科学出版社，1998.

[136] World Bank Group. State and Trends of Carbon Pricing 2015[M]. World Bank Publications，2015.

[137] 孙汉贤，方润生. 黄河上游水电站效益分析[J]. 西北水电，2000，（4）：1-5.

[138] 李小冬，王帅，孔祥勤，等. 预拌混凝土生命周期环境影响评价[J]. 土木工程学报，2011，44（1）：132-138.

[139] 平旭彤. 浅析生命周期评价软件 eBalance 的使用[J]. 科技创新与应用，2015，（23）：27-28.

[140] 易碳家期刊. 国际通用的碳排放量计算公式及系数[EB/OL]. http://www.tanpaifang.com/tanjiliang/2013/0324/18316.html[2017-03-26].

[141] Teodoru C R, Prairie Y T, Del Giorgio P A. Spatial heterogeneity of surface CO_2 fluxes in a newly created Eastmain-1 reservoir in northern Quebec, Canada[J]. Ecosystems，2011，14（1）：28-46.

[142] International Hydropower Association. GHG Measurement Guidelines for Freshwater Reservoirs：Derived from：the UNESCO/IHA Greenhouse Gas Emissions from Freshwater Reservoirs Research Project[M]. London：International Hydropower Association（IHA），2010.

[143] Teodoru C R, Bastien J, Bonneville M C, et al. The net carbon footprint of a newly created boreal hydroelectric reservoir[J]. Global Biogeochemical Cycles，2012，26（2）：1-14.

[144] Kim Y, Roulet N T, Li C, et al. Simulating carbon dioxide exchange in boreal ecosystems flooded by reservoirs[J]. Ecological Modelling，2016，327：1-17.

[145] Delmas R, Richard S, Guérin F, et al. Long term greenhouse gas emissions from the hydroelectric reservoir of Petit Saut（French Guiana）and potential impacts[C]//Greenhouse Gas Emissions—Fluxes and Processes. Berlin：Springer Berlin Heidelberg，2005.

[146] 谢高地，鲁春霞，冷允法，等. 青藏高原生态资产的价值评估[J]. 自然资源学报，2003，18（2）：189-196.

[147] 毛永文. 生态环境影响评价概论修订版[M]. 北京：中国环境科学出版社，2003.

[148] 漆杜生. 用水库表层水灌溉是提高水稻产量的重要措施[J]. 水利水电技术，1983，4：9.

[149] 陈先根，陈小荣，黄国红，等. 灌溉水温对二季晚稻产量影响的探讨[J]. 江西农业学报，2008，20（7）：114-115.

[150] Lerer L B，Scudder T. Health impacts of large dams[J]. Environmental Impact Assessment Review，1999，19（2）：113-123.

[151] 王文珂. 基于利益相关者的水电开发企业治理研究[D]. 南京：河海大学，2006.

[152] Freeman R E. Strategic Management：A Stakeholder Approach [M]. Boston：Pitman，1984.

[153] 黄丽瑛. 宁德市居民消费现状分析和思考[J]. 现代经济信息，2011，（20）：100-102.

[154] 牛海鹏. 耕地保护的外部性及其经济补偿研究[D]. 武汉：华中农业大学，2010：109-110.

[155] 王雅丽，唐德善，刘洋. 基于循环经济理论的资源开发生态补偿机制[J]. 现代经济探讨，2009，（3）：28-31.

[156] 贾继薇. 排污权交易管理信息系统设计[J]. 中国环境管理，2012，（3）：28-30.

[157] 戴勇，郝晶. CDM 碳交易市场项目类型探讨[J]. 中国环保产业，2011，（3）：58-60.

[158] 李英. 中国非政府组织在环保领域的作用[J]. 学理论，2011，（35）：71-72.

[159] 金瑞林，环境法概论[M].北京：当代世界出版社，2000.

[160] 王辉民. 环境影响评价中引入生态补偿机制研究[D]. 北京：中国地质大学，2008.

[161] 云南绥江失地移民围堵县城安置补偿仅 160 元/月[EB/OL]. http://news.sina.com.cn/c/sd/2011-04-07/135322251001.shtml[2016-11-27].

[162] 向家坝电站屏山库区农村移民生产生活状况调查[EB/OL]. http://wenku.baidu.com/link？url＝emZ5Mc-fN5wy2e_QKaYuGelV8g9yPdf1ISOSn5Yqva90 Zo1V4KVgpJP8f5Zs0mpXuXOJYDLcLfzsTtIE-iCAn-b5474RHfUc1wSiQvHl3ZG[2016-11-27].

[163] 陈惠芳. 人民币汇率变动对中国物价水平的影响[D]. 上海：华东理工大学，2014.

[164] 谢丽芳，罗德芳，李军. 内河航电枢纽工程航运经济效益的量化计算探讨[J]. 水运工程，2009（2）：113-118.

[165] 陈文栋，朱光华. 水电站装机容量经济比较方法的改进[J]. 能源与环境，2006，（4）：13-14.

[166] 韩志刚，庄淑贞，丁明. 水电站事故备用动态效益评估方法的研究[J]. 水力发电学报，1989，（4）：20-30.

[167] 徐得潜. 水电站提高可靠性效益和旋转备用效益计算[J]. 水力发电学报，1997，（3）：12-20.

[168] 石榴红，张时淼，王硕. 林权改革条件下木材价格波动机制实证研究[J]. 林业经济，2014，（9）：59-64.

[169] 张杰伟. 合肥市三种常绿园林树木生长模型的研究[D]. 合肥：安徽农业大学，2010.

[170] 金沙江溪洛渡向家坝水电站珍稀特有鱼类增殖放流站简介[EB/OL]. http://www. ctgpcyzb.com/about.asp？id＝48[2017-04-15].

[171] 李继洪. 引领世界水电建设绿色能源内输外送[N]. 云南日报，2016-03-11.

[172] 赤水市增殖放流站二〇一四年决算编报说明[EB/OL]. http://www.csnmj.gov.cn/a/zwgk/2015/1028/644.html[2017-04-16].

[173] 夏斐，夏静，潘剑凯. 绿色水电：人水和谐新境界[J]. 中国三峡，2007，（3）：17-18.

[174] 骆辉煌，李倩，李翀. 金沙江下游梯级开发对长江上游保护区鱼类繁殖的水温影响[J]. 中国水利水电科学研究院学报，2012，10（4）：256-259.

[175]《农民日报》. 国务院办公厅印发《关于加强长江水生生物保护工作的意见》[J]. 科学种养，2018，（12）：4.